SÉBASTIEN GENDRON

LA REVALORISATION DES DÉCHETS

ROMAN

ALBIN MICHEL

À Michaël

« S'il est librement choisi, tout métier devient source de joies particulières, en tant qu'il permet de tirer profit de penchants affectifs et d'énergies instinctives. »

Sigmund Freud

« J'entrerais au lit de ma mère, je ferais voir au monde une race monstrueuse, je serais l'assassin du père dont j'étais né. »

Sophocle, *Œdipe roi*

« La la la la la la la,
La la la la la,
La la la la la,
La la. »

Claude François, « À part ça, la vie est belle »

LE PETIT LAPELOUSE ILLUSTRÉ

CON [kɔ̃n] **n.** et **adj.** – XIIIe ; lat. *cunnus*. Gardons-nous d'une erreur de sens trop courante : le con n'est pas forcément un connard. « Con » est une appellation populaire applicable à toute personne dont le comportement est idiot, insensé, stupide, voire dangereux, mais souvent pour des raisons induites par son milieu. Le con n'est pas toujours volontairement con. Ou alors de manière fortuite. Une personne sensée peut connaître un épisode con. La connerie est donnée à tous en cela qu'elle est souvent l'expression d'une simplicité d'esprit, même passagère. On sera con par mégarde, pour n'avoir pas été vigilant, à un instant donné qui nous aura fait commettre une action stupide. Il n'est qu'à voir la difficulté qu'a le mot « con » à être utilisé seul. On lui adjoint généralement un adjectif qualificatif réducteur qui renforce l'impression de non-volonté. Ex. : « Pauvre con ! » Parfois encore, ce qualificatif peut servir à relativiser le con, voire à le rendre sympathique. On dira qu'untel est « con comme la joie » ou encore « comme la lune ». Certes, il existe aussi le « sale con » ou « gros con », qui est à considérer comme un glissement sémantique signifiant que l'individu visé par l'injure est responsable d'un acte délibérément nocif.

CONNARD [kɔ.naʁ] **n.** et **adj.** – XIIIe *conart* ; de « *con* ». Si le con n'est pas forcément un connard, le connard peut très bien ne pas être con du tout. Il peut même, dans bon nombre de cas, faire preuve d'une grande intelligence qu'il mettra alors au service de sa personnalité. Le connard ne se comporte absolument pas comme un con. Au contraire même, il est calculateur. Là où le con passager regrettera de s'être laissé aller à la connerie, le connard poursuivra dans la connerie parce qu'elle le définit.

La connerie du connard est beaucoup plus riche que celle du simple con, en cela qu'elle introduit une volonté de nuire à autrui. Souvent, le connard est un égoïste doublé d'un opportuniste qui va profiter d'une situation pour imposer sa propre connerie. On va plus facilement traiter un automobiliste qui nous double pour se rabattre juste devant notre nez de « connard » que de « con ». Dans cette situation précise, si c'est le terme « con » qui sort, cela signifie que l'on aura un doute sur la volonté de cette personne à avoir sciemment désiré que cet événement se produise. D'ailleurs, il est bien rare que le con se risque à une telle manœuvre, puisque le con, dans un tel cas, c'est nous, considéré comme tel par celui qui nous double, le connard.

Ex. : « Qu'est-ce qu'il fout ce con à se traîner sur la voie de gauche ! Tiens, je vais lui faire l'intérieur. » Et hop ! Droite-gauche, le con freine et/ou klaxonne, laissant ainsi le connard filer plein ouest, le majeur levé vers le ciel.

Mise en pratique sur un connard ordinaire : M. Dominique Osmond Affaire n° 924AC

Je m'appelle Dick Lapelouse et je suis tueur à gages pour les gens de peu. Ça signifie que pour éliminer les nuisibles des pauvres, j'applique des tarifs largement en deçà de ceux pratiqués pour les nantis.

Dans mon entreprise, je traite le connard mais rarement le con. Le volontaire plutôt que l'accidenté. Je pars de ce principe : on peut naître con, mais l'on devient connard. La connerie du connard est à la portée de n'importe qui, c'est une question de placement dans la chaîne alimentaire. Le connard est prédateur, le con est proie. C'est donc souvent le con qui vient me voir pour que j'élimine le connard à prix cassé, selon les lois du discount.

Prenons pour exemple cette belle fin de journée du mois de mars. La température chute à cinq degrés Celsius au moment où le soleil passe sous la ligne de flottaison de la Garonne. Le ciel se voile du fin drapé d'une brume de convection propre à toutes les villes fluviales. Moi, je suis confortablement assis dans l'habitacle d'une voiture très bon père de famille *middle class*, haute sur roues, garée le long de la départementale 209 qui va de Bordeaux aux marécages du Médoc. À cette heure, l'autoradio diffuse une insupportable émission au cours de laquelle l'animateur va mettre tout son savoir sur la table afin de concurrencer sournoisement les propos de son invité.

Je consulte le tableau de bord. Il est 18 h 25 et la température extérieure vient de perdre encore un degré. Au moment où je lève les yeux vers le rétroviseur central et que j'aperçois, une cinquantaine de mètres en arrière, la grasse silhouette que j'attends, Frédéric Mitterrand prononce cette phrase magistrale qui me met immédiatement en surchauffe :

– Je sais que vous admirez Yasujirō Ozu. Ozu que, quant à moi, je considère comme l'un des plus grands réalisateurs de l'histoire du cinéma, un goût que je partage tout à fait modestement avec d'autres personnes, dont Wim Wenders.

J'agrippe le volant à m'en faire péter les jointures, je me retiens de hurler, un voile rouge passe devant mes yeux. Je suis fin prêt pour la suite. Je coupe l'autoradio, je saisis mon téléphone portable, le colle à mon oreille et, lorsque le joggeur passe le long de ma voiture, je suis lancé dans une communication fictive avec le silence du réseau.

Le connard dont il est question ce jour a certainement connu une jeunesse dorée. À la différence du petit Bouddha, lorsque Dominique Osmond a pu mettre un pied hors du jardin magique parental, il a considéré le monde qui s'ouvrait à lui comme une succursale privative d'Eurodisney. Alors il s'est goinfré et le voilà, six décennies plus tard, avec une centaine de kilos de surcharge pondérale à déplacer.

M. Osmond a un bon rythme, mais au-delà de dix kilomètres, son obésité devient un sérieux handicap et il souffle comme une forge. Néanmoins, il va forcer ainsi pendant encore une trentaine de minutes, jusqu'à atteindre sa maison, une belle demeure sise le long du chemin Labarde, en bordure du fleuve.

À soixante-cinq ans, Dominique Osmond a trouvé l'amour en la personne de Sonia Van Veckt, une assistante de secrétariat de quarante ans sa cadette. Ce qui, au tout début, n'était qu'une passade issue d'un très long harcèlement – avec, par ordre d'apparition, indélicatesses verbales, caresses intrusives, visites impromptues dans le local de la photocopieuse, baisers arrachés, menaces de licenciement, viol et répétition de viol, et enfin convocations bihebdomadaires au domicile patronal pour achever la phase de domestication – s'est transformé en passion unilatérale. Si Sonia n'a jamais eu l'outrecuidance de se plaindre de l'embonpoint de son patron, ce dernier est depuis quelques mois convaincu qu'il saura gagner le cœur de la jeune femme en perdant les kilos superflus qui tendent ses élégants costumes. Alors il court, longtemps et chaque jour. Et lorsqu'on pèse cent vingt-trois kilos et qu'on vient de courir quinze bornes par une température de quatre degrés Celsius, on n'a plus la moindre ressource pour échapper à qui que ce soit.

J'empoche mon téléphone, remets le contact, le clignotant, laisse passer une voiture, deux, puis je prends la route, dépasse M. Osmond dont les talons râpent désormais les gravillons du bas-côté, et je file jusqu'au chemin Labarde. Une demi-heure plus tard, c'est sans la moindre difficulté que j'accule cet homme dans l'angle de sa cuisine, sans le moindre problème que je le maîtrise et, lorsque je lui enfile un sac plastique sur la tête, il n'a même pas la force de se défendre. Déjà époumoné par son footing de galérien, il suffoque moins de deux minutes avant de s'effondrer sur le carrelage. Aucune trace de lutte, pas d'intrusion suspecte dans les lieux, que je quitte à la nuit tombée en retirant mes gants en latex et mes surchaussures en coton.

Sur le chemin du retour, j'appelle Sonia Van Veckt. Elle pleure un peu, avant de murmurer un tout petit merci qu'elle s'en voudra peut-être toute sa vie d'avoir prononcé.

Ou pas.

Je n'en saurai jamais rien.

☑ M. Dominique Osmond – affaire n° 924AC – référence catalogue 231.

Ça, c'est fait.

Rez-de-chaussée

CAMILLE

1

Le roman de Dick Lapelouse

Les parents ne sont pas obligatoirement des gens intelligents. Ils font ce qu'ils peuvent avec ce qu'ils ont et, la plupart du temps, même quand ils ont avalé la bibliographie complète de Françoise Dolto, ils n'ont pas grand-chose. Au milieu des années 70, les contes pour enfants n'étaient pas encore visés par la paranoïa moralisatrice. Qu'importaient les thèses de Bruno Bettelheim. On pouvait lire *Cendrillon* à un garçon sans craindre pour sa sexualité, ou raconter à une gamine *Le Petit Chaperon rouge* sans se demander ce qu'il serait advenu si sa mère l'avait habillée en kaki avant de la lâcher dans les bois. Ma mère à moi ne s'est jamais donné la peine d'ouvrir le moindre livre de Grimm ou de Perrault.

Aux dires de mon état civil, je suis né Richard, Maximilien Lapelouse, fils de Mlle Élise, Antoinette, Marcelle Lapelouse, le 20 janvier 1970, à la maternité de l'hôpital Beaujon, Clichy-la-Garenne, département des Hauts-de-Seine. Mon père se prénommait Roger Humbert. Il ne m'a pas reconnu : il était mort dans les trois mois suivant ma conception.

Élise Lapelouse aurait très bien pu m'inventer un papa de téléfilm. Elle n'en a rien fait. Mon père était un voyou de faubourg, elle en était éperdument amoureuse. Il était de vingt-cinq ans son aîné. Elle aurait pu me raconter qu'il était mort d'une attaque au fond du lit conjugal, mais là encore… Il est mort par une pluvieuse nuit de septembre 1969, abattu place de la Nation, au cours d'un règlement de comptes entre bandes rivales.

Pendant toute mon enfance et une bonne partie de ma jeunesse, ma mère m'a élevé dans l'admiration de ce père gangster, fils de pute et amant merveilleux. Sans doute n'arrivait-elle pas à faire complètement sans lui, alors elle ne m'a rien caché de leur tapageuse liaison. Le jour, elle nettoyait les parquets de la bourgeoisie locale. Au petit matin, Roger Humbert rentrait avec des billets plein les poches. Plus il la couvrait de bijoux, plus elle s'échinait à repasser le linge des autres. En s'obstinant à gagner honnêtement sa vie, elle remettait de l'ordre dans l'équilibre du monde, rachetait la place au paradis de cet homme qu'elle aimait par-dessus tout et qui l'aimait par-dessus le marché. Ils étaient deux, ils seraient bientôt trois. Il était mort à l'acmé de leur préhistoire.

Avec un tel passif familial, je me suis très vite ennuyé à l'école – que peuvent bien peser le vase de Soissons ou les glorioles de Vercingétorix face à un père mort dans le caniveau d'une balle en pleine tête ? Je dois reconnaître que le système scolaire a tout tenté pour me récupérer, allant jusqu'à enjoindre à Mme Lapelouse de me faire rencontrer une psychothérapeute. Elle était

persuadée de ne m'avoir parlé
de semonce l'a sans doute décill
– Richard, mon chéri, tu ne peu
prendre le même chemin que ton p
sible. Tu veux finir comme lui ?

Pendant un temps trop court, Mme G
cette psychothérapeute chez qui j'allais une demi-heure tous les mercredis matin au ... d'aller shooter dans un ballon. Comme j'imaginais que cette femme attendait quelque chose de moi, j'ai commencé par me taire.

À la fin de la première séance, Mme Granier m'a dit ceci :

– Richard, je vais te demander une chose pour la prochaine fois et pour les fois suivantes. C'est très important et tu devras respecter ce contrat. Tu peux venir ici chaque mercredi et te taire comme tu l'as fait aujourd'hui, tu peux aussi me mentir ou choisir de me dire la vérité. Ça, c'est ton affaire. Par contre, je veux qu'à chacune de nos rencontres tu payes ta consultation. Je ne te demande pas grand-chose, juste 1,70 franc. Mais ce sera le prix de ton implication. Tous les mercredis, il faudra que tu me payes cette somme. Tu es d'accord ?

Mes matinées avec cette psychothérapeute n'ont pas été légion, mais je me rappelle chacune d'elles. Huit en tout, au cours desquelles j'ai raconté tout ce qui me passait par la tête, à savoir la vie que j'aurais *peut-être* rêvé d'avoir. Mme Granier était une jolie brune de quarante ans. Je ne m'étendrai pas ici sur le nombre rouleaux de Sopalin que j'ai usés en pensant à cette femme dans le tourment de mes nuits pubères, mais s'il y a une chose que j'en ai retirée, c'est cette histoire d'implication tarifée à minima.

Finir comme mon père ? Je ne savais pas. Mais commencer, m'entraîner, grandir comme lui, c'était déjà en cours.

À douze ans, je volais mon premier autoradio – un Optalix TAO 350 agrippé sous le tableau de bord d'une Simca 1000 GLS 6 CV dont j'avais, dans la panique des premiers instants, massacré la serrure au tournevis. Et pour aller jusqu'au bout de l'expérience et en tirer profit, j'ai aussitôt été revendre l'objet de mon larcin au marché aux voleurs de Clignancourt. Quatre cents francs, de quoi motiver n'importe quel impétrant. Si bien qu'à quatorze ans, après deux années de spécialisation dans le forçage de voiture, je m'octroyais mon premier diplôme et m'autorisais l'accès au niveau supérieur.

Pour cela, j'investissais l'argent gagné dans un solide petit matériel et je faisais mon premier cambriolage au 145, boulevard Barbès. Facile, sans embûche, un travail soigné. Je me félicitais en ressortant : mon cartable était lesté d'un bon kilo et demi de bijoux semi-précieux. Coupe au bol, bermuda, cartable Tann's sur le dos, j'étais l'innocence incarnée des clichés parisiens de Doisneau.

Les filles me couraient après, mais il y avait au moins une leçon que j'avais apprise : mon père avait une femme à la maison, et il était mort. J'en avais tiré la conclusion hâtive qu'il avait commis une imprudence et que cette imprudence était due à son statut d'homme responsable d'une famille en devenir. Pour nourrir l'enfant qui s'annonçait, il lui avait certainement fallu forcer la cadence. Une femme, c'était donc une digue contre l'élévation. Si je voulais escalader la grande échelle jusqu'au sommet, je me devais corps et âme à mon métier. Pas de femme, pas de distraction. Si la testostérone me démangeait, j'avais de l'argent et il y avait un endroit où le dépenser : la rue Blondel, dans le quartier du Sentier, où, intercalées entre les boutiques de confection, des femmes débordantes de chair m'accueillaient avec chaleur une fois le mois.

À seize ans, je me décrétais homme et il me restait une étape à franchir pour faire estampiller mon certificat de voyou : l'assaut. En mars 1986, je braquais donc ma première bijouterie, rue Saint-Charles. Pour ce faire, j'avais accepté un complice dans mon sillage. Je savais que je ne pourrais pas agir seul sur un coup où il faudrait tenir en respect le petit personnel. Mon acolyte s'appelait Henry, c'était un gosse de riche qui voulait sentir le grand frisson avant d'intégrer la prépa à laquelle sa mère le destinait. Je l'avais cantonné au rôle de porte-flingue.

Monumentale erreur avec, pour conséquence immédiate, un apprentissage accéléré.

Sitôt passé le seuil du petit magasin, avec nos bas sur le visage qui cachaient tout sauf nos acnés ravageuses, la taulière s'est mise à hurler, son mari a accouru depuis l'arrière-boutique et Henry s'est retrouvé dans l'incapacité de faire quoi que ce soit, à part trembler de tous ses membres et laisser le patron appuyer sur l'interrupteur du système d'alarme.

Nous n'avions qu'une seule arme – un .22 dont l'achat avait sérieusement amputé mon budget. Henry était censé s'en servir, mais maintenant que la porte s'était refermée derrière nous, le calibre pendait au bout de son bras. Alors qu'une sonnerie infernale envahissait les vingt mètres carrés de l'officine, j'ai fait la seule chose envisageable : arracher le flingue des mains de mon complice, passer de l'autre côté du comptoir, gifler la patronne avec le revers de l'arme que j'ai enfoncée aussitôt après dans la bouche du patron.

Une fois l'alarme coupée, sous l'œil hagard de Henry et les gémissements de la bijoutière, je me suis fait ouvrir les vitrines par le patron. Ça n'a pas pris plus de trois minutes et je me suis retrouvé dans la rue. Sur le trottoir, quelques passants s'étaient regroupés. Je ne me suis pas déconcentré, j'ai levé mon arme vers le ciel et j'ai appuyé sur la queue de détente. Je n'avais encore jamais tiré le moindre coup de feu. J'ai donc aussitôt compris que ça n'avait rien à voir avec le cinéma. Le bruit était aussi ridicule que celui d'un pot d'échappement bouché. Mais la petite foule s'est jetée à terre comme un seul homme, me libérant le passage.

En rentrant chez ma mère, j'ai fait les comptes du larcin et de mes impressions. Une dizaine de milliers de francs en bagues, montres et colliers, pas la moindre trouille et la douce sensation du travail accompli. Je n'ai plus jamais entendu parler de Henry.

En quittant Paris pour Marseille à dix-huit ans, je mettais un terme définitif aux rares espoirs que ma petite personne aurait pu encore susciter et j'abandonnais derrière moi ma première femme en larmes : Élise Lapelouse. Deux ans plus tard, j'avais déjà fait suffisamment le tour du milieu pour me choisir une nouvelle famille.

À force de faire mon intéressant, je suis tombé sur M. Paoletto, un parrain niçois qui a bien voulu de moi et de mes bouts de nerfs. À vingt ans, j'avais un pistolet de fabrication tchécoslovaque sous le bras, je soulevais quotidiennement mon poids et demi en fonte et je tuais mon premier homme : un coup de couteau sous le menton avec remontée de la lame jusqu'à la fontanelle et perforation de la boîte crânienne. L'un des deux collègues qui m'accompagnaient ce jour-là sur les fonts baptismaux est sorti de cette expérience avec le goût du repas de midi coincé entre les molaires.

L'autre s'appelait Barzotti.

Barzotti était tour à tour sélectionneur officiel des jeunes recrues et bourreau des ambitieux. C'est lui qui m'avait introduit chez Paoletto. Il en avait sans doute vu d'autres mais la froideur avec laquelle je m'étais débarrassé de mon premier contrat a dû lui taper dans l'œil. Parmi les nombreuses choses qu'il m'a inculquées, il y en a une que j'ai particulièrement retenue : pour durer dans ce milieu, il faut comprendre que chaque marche gravie dans la hiérarchie de la meute voit dégringoler celui qui s'est trop approché du sommet. Dans la paranoïa du monde criminel – comme dans celle de la politique, on l'aura noté –, on appelle ça les « cercles du pouvoir ». Plus vous vous rapprochez du grand sachem, moins votre kilo de barbaque a de valeur. À cinquante ans passés, Barzotti était le seul qui avait su se maintenir en équilibre dans ce clan. Grâce à ses conseils, j'ai passé quinze années sous l'égide de M. Paoletto, une bonne moyenne comparée à celle de mes camarades de jeu, pour la plupart victimes d'un turn-over qu'ils auraient pu voir venir.

J'ai accepté cette pression avec une certaine assise. J'ai commencé par dormir devant la porte du patron et j'ai gagné mes galons en montrant mon dévouement sitôt qu'on me mettait à l'épreuve. J'y ai gagné un respect certain ainsi que le droit d'avoir ma propre chambre de l'autre côté de la propriété. Le travail ne demandait pas une grande intelligence : il suffisait d'occire toutes les personnes qui se mettaient en travers du chemin de M. Paoletto et, le reste du temps, d'assurer sa sécurité. Barzotti m'a laissé la bride sur le cou pour voir jusqu'où je serais capable d'aller. Quand j'ai senti son souffle sur ma nuque, j'ai décroché. À trente-cinq ans, je pesais suffisamment lourd dans l'équipe et j'avais les canines assez polies pour prendre sagement mes distances avant de connaître la légendaire corvée de bois.

J'avais mis assez d'argent à gauche pour voir venir, j'ai donc pris une voiture et j'ai roulé. Je suis revenu à Paris. Ma mère était aux anges. J'ai rapidement mis le holà à nos retrouvailles en me choisissant un petit appartement de l'autre côté de la Seine. Pendant un temps, histoire de me maintenir à l'air libre, j'ai fait bénéficier de mon expérience quelques braqueurs qui avaient atteint ce stade où il n'est plus question de partager le butin, et surtout pas avec leurs complices. Menaces avec armes et démontages de rotules, tel était mon quotidien et, si je ne trouvais pas rapidement une autre voie, ça promettait de durer. En gros, j'avais besoin de me diversifier.

Je ne sais pas qui avait donné mon nom à ce garçon, mais quand il m'a approché, il semblait savoir beaucoup de choses sur moi.

Philippe était un homme plutôt bien de sa personne, sympathique et agréable. Il travaillait comme un abruti dans un institut de sondages. Économiquement parlant, le programme mensuel de ses dépenses se répartissait comme tel : le premier tiers de son salaire passait dans ses charges locatives, le deuxième dans les dépenses courantes – cigarettes, Coca, pains au chocolat et saucisses de Francfort sous vide – et le dernier dans la dope. Depuis la fin de sa puberté, Philippe s'injectait quotidiennement de l'héroïne à doses quasi létales. Il avait trente ans quand je l'ai rencontré et, à cette époque, ses globes oculaires étaient les seules parties de son anatomie qui acceptaient encore la pénétration d'une aiguille. Le reste n'était qu'une effrayante répétition de callosités. Il m'a demandé de tuer son dealer parce que c'était le seul moyen pour lui de décrocher. On comprendra mieux la complexité de cette affaire en sachant que le dealer en question était aussi l'amant de Philippe. Il l'avait rencontré à dix-huit ans. Leur relation était au moins aussi hiérarchisée que le monde dont je venais de m'extraire. Le seul point à peu près positif de leur liaison était qu'en quinze ans de toxicomanie, Philippe avait réussi à échapper au sida et à l'hépatite C. Normal : son mec était infirmier à l'hôpital Necker.

J'ai beaucoup réfléchi à cette requête parce qu'elle me posait un sérieux cas de conscience. Après toutes ces années chez Paoletto, je n'avais aucune intention de me reconvertir dans l'assassinat à gages. J'avais jusqu'alors mis mon talent au service de types comme Barzotti qui se contentaient d'ouvrir la grille de mon chenil, de m'indiquer la piste à suivre et de rétribuer ma tâche en m'offrant le gîte, le couvert et des liasses de pognon dont je n'avais aucune conscience de la valeur.

J'ai tout de suite bien aimé Philippe, ce qui était pour moi une première surprise. Mieux que ça, sa souffrance me troublait, tout comme me troublait le fait de comprendre que j'étais son unique porte de sortie. On ne m'avait jamais considéré de cette façon. Bien des hommes m'avaient supplié à genoux, invoquant épouses et enfants en bas âge pour que je ne les tue pas, mais personne ne m'avait jamais demandé, des larmes plein les yeux, que je leur simplifie la vie en éradiquant une crapule qui les tyrannisait. Le cas de

Philippe me faisait atterrir dans une société où j'avais *peut-être* ma place.

Aussi constructives qu'elles aient pu être pour moi, sur l'instant ces considérations ne m'ont pas du tout soulagé, loin s'en faut. Toute une nuit, j'ai subi les assauts de ma mécanique mentale et j'ai convoqué mon père. Évidemment, le pauvre bougre n'a rien pu me dire de ses propres choix, de ses propres interrogations, ni s'il avait connu des dilemmes au cours de son existence autres que ceux que je lui avais prêtés à l'heure de mon éveil – une famille dans la vie d'un voyou est un risque dont il faut impérativement se prémunir. Comme tous les héros que l'on s'offre à l'enfance, Roger Humbert était un cul-de-sac. Mais à force de penser à lui et donc de rebattre le jeu de cartes de ma jeunesse, un visage est réapparu.

Mme Granier. Et ses séances à 1,70 franc.

Certes, la délicieuse psychothérapeute n'avait pas su me convaincre au-delà de huit rencontres. J'étais de toute façon déterminé à poursuivre mon propre chemin quoi qu'on décide de faire pour m'en empêcher. Si elle avait connu le montant de mes larcins de l'époque, ce n'est pas à 1,70 franc que Mme Granier aurait fixé ses honoraires.

J'ai décidé que je débarrasserais Philippe de son dealer. Mais que pour ça il devrait payer une somme forfaitaire à la hauteur de ses possibilités, juste pour qu'il se sente impliqué dans ce processus et que ça lui serve à quelque chose. J'ai fixé cette somme à 150 euros en me disant que trouver 150 euros quand on lâche autant d'argent dans la dope nécessitait une vision à long terme.

Je l'ai invité à déjeuner chez Mollard pour conclure l'affaire et j'ai attendu que le serveur embarque nos assiettes vides pour lâcher le tarif. Philippe m'a regardé pendant de longues secondes et je l'ai laissé faire parce j'avais autre chose de beaucoup plus important à lui demander ensuite. Il a baissé la tête et m'a dit d'accord en triturant une tranche de pain.

– Maintenant, je voudrais que tu me dises comment tu souhaites que je le tue.

Philippe a relevé les yeux. Il était stupéfait que je puisse lui poser cette question. J'ai coupé court à ses balbutiements :

– Je le tue mais c'est toi qui me payes, donc c'est toi qui décides comment. Parce que lui, c'est ton problème, pas le mien. Il n'y a aucune autre manière de procéder.

Bien entendu, j'ai depuis revu mon préambule et je me suis adjoint les services d'un juriste marron pour établir un contrat type qui fait son effet. Mais en substance, c'est aujourd'hui encore de cette manière que je m'adresse à mes clients.

Philippe a voulu que j'étrangle son amant. J'ai touché les 150 euros. J'ai étranglé l'amant. Je n'ai jamais revu Philippe. J'ai juste espéré qu'entre la culpabilité et le sevrage, il avait réussi à s'en sortir. De mon côté, si, en écrasant la trachée artère de son dealer, je ne me suis pas posé plus de question qu'au cours des missions de Paoletto, j'ai néanmoins ressenti, comme à mes débuts, le plaisir du travail accompli.

J'ai monté mon affaire comme ça, en me convainquant de manière un rien proverbiale que, le monde étant peuplé d'un nombre accru de connards, il n'y avait aucune raison de les laisser dominer une classe désignée comme inférieure sans y mettre bon ordre. Jusqu'à moi – me disais-je, pas peu fier de ma trouvaille très gauchisante, et en totale opposition avec le darwinisme social du monde des gangsters –, seuls les riches avaient les moyens de faire disparaître ceux qui entravaient leur progression vers la stratosphère. Eh bien désormais, ce temps était révolu. Il y aurait de la demande à ne plus savoir qu'en faire. Il s'agissait pour moi de savoir la sélectionner en écoutant parler la souffrance des gens, en la décortiquant et en jugeant de son urgence réelle.

Voilà comment j'ai créé le premier discount planétaire de tueur à gages. À l'époque où le microcrédit devenait le dernier cri en matière d'humanitaire, je me calais pile-poil dans le créneau. Je me suis installé à Bordeaux, parce qu'à Paris je ne m'en serais pas sorti. J'aurais dû sous-traiter, ce qui, on le voit chaque jour, n'est jamais une garantie de qualité. J'ai si bien pensé mon affaire qu'un banquier m'a débrouillé un prêt. J'ai ouvert une officine tout ce qu'il y a d'officiel, avec numéro de Siret et tout le toutim. Ne me demandez pas par quelle sorte de miracle j'ai réussi un tel tour de force administratif, vous savez parfaitement que nous vivons dans un monde de dingues.

J'étudie seul les cas qui me sont proposés. Je décide seul. J'opère seul. J'ai, pour pratiquer et ne point égarer le chaland, composé un catalogue de quelque trois cents pages dans lequel je propose divers modes et manières, et, dans la limite du raisonnable, c'est toujours le client qui est roi. Les tarifs appliqués ne dépassent jamais la somme de 259,90 euros TTC, pièces et main-d'œuvre. Je travaille dans la plus parfaite discrétion, je ne laisse pas de trace et les gens qui viennent me voir sont systématiquement filmés en ma compagnie au moment où j'aborde les conditions générales du contrat qui va nous lier.

Dernier détail pour bien planter le décor et son acteur principal, mon axiome est le suivant : on paye pour mes services, mais on ne m'achète pas. Quatre vieillards en ont déjà fait les frais. Je suis très chatouilleux sur ce sujet.

2

Vive la crise !

Les années qui ont suivi l'installation de mon petit commerce à Bordeaux ont été, nous le savons désormais tous, fastueuses pour les affaires. D'aucuns diront que j'ai eu de l'instinct, que j'ai senti le vent tourner, que, la truffe au vent, j'ai guetté le changement de tendance et qu'en l'occurrence je ne suis rien de plus qu'un simple opportuniste.

Arguments refusés, réfutés, poubelle.

Depuis la nuit des temps, l'histoire de l'humanité est balisée par ce que l'on nomme des « crises ». La majorité des hommes en souffre alors qu'une minorité en profite. Ce qui est la moindre des choses puisque c'est cette dernière qui déclenche régulièrement les catastrophes. Pour ma part, j'en tire bénéfice. Mais de deux choses l'une : je ne fais nullement partie de la classe dominante ; mieux, j'agis pour le bien social. Je me vois même comme un baromètre de la misère ambiante : mon agenda se peuple quand tout va mal. Comme celui de n'importe quel discounter.

En 2009 donc, la crise des subprimes débarque en France et, conséquemment, ma clientèle s'accroît. Pour illustrer cet état de fait et ses répercussions sur mon activité, je ne donnerai que ce simple exemple : il m'est arrivé, dans la même première semaine d'octobre, d'assassiner un conseiller financier de la BNP et un sous-directeur d'agence de la Société générale. L'un a fini ses jours sous les essieux d'un poids lourd sur l'axe Bordeaux-Bayonne, l'autre sous les roues du Bordeaux-Arcachon de 21 h 39.

Un malheur n'arrivant jamais seul, l'explosion de la bulle immobilière a suivi de très près l'effondrement du système monétaire. Après s'être gavés comme des larves, les promoteurs et leurs corollaires de propriétaires ont cherché à se débarrasser au plus vite de leurs acquis nouvellement dévalorisés. Pour un oui, pour un non et par tous les moyens, ils chassaient le locataire indélicat hors les murs pour que la place soit nette « au cas où ». Seulement voilà, les banquiers gardaient jalousement leurs avoirs et refusaient de prêter aux éventuels acheteurs – même au taux de l'usure – les milliards d'euros que l'État français venait de leur allouer en guise de bouée de sauvetage. La panique était totale. Le ressentiment des pauvres gens proportionnel. Tant et si bien que pendant des mois, j'ai passé plus de temps une pelle à la main à enterrer en milieu forestier de riches possédants sans scrupule qu'assis dans mon bureau du boulevard Wilson. Et lorsqu'il m'arrivait de passer par l'office, je trouvais, collés à ma porte, des Post-it rédigés par des mains anxieuses me demandant de rappeler d'urgence une Mme Machin, un M. Chose, une Mlle Truc, des brochettes de malheureux qui, à force de se retrouver à poil face à leur misère quotidienne, m'appelaient au secours pour que je fasse disparaître de manière définitive les responsables de leur dénuement.

Quelques-uns de ces désespérés ont même fini par pousser leur chagrin jusqu'au bureau du Dr Braun, le psychiatre avec qui je partage l'immeuble, pour lui demander s'il pouvait me transmettre leurs requêtes. Un temps, je fus flatté par ce nombre croissant de sollicitations, au point d'en oublier presque l'ignominie de ma tâche. Vous pouvez m'en croire, il m'a fallu beaucoup philosopher pour garder la tête froide. D'autant plus que ma petite entreprise devenait envahissante pour les affaires de mon voisin de palier et que, par ailleurs, je ratais des missions. Sans doute que chez ces malheureux, Braun aurait trouvé quelques patients supplémentaires – souvent nous en avons plaisanté ; une fois il y a eu confusion ; après ça m'a fait beaucoup moins rire.

Mais l'incendie mondial ne semblait pas près de s'éteindre. Il n'a pas fallu longtemps pour que les pyromanes qui l'avaient allumé se refassent la cerise et se repositionnent sur le marché avec la même hargne, la même vigueur, le même cynisme candide.

Au début 2011, c'était reparti comme au Chemin des Dames. Un peu partout sur la planète, les banques par qui l'horreur était arrivée récompensaient leurs dirigeants à coups de millions pour service rendu au grand capital. Logique ! On venait de faire là une expérimentation grandeur nature dont les résultats serviraient à jamais de marqueur économique : l'effondrement monétaire avait mis la population mondiale à genoux sans que personne se révolte. N'y avait-il pas de quoi pavoiser ?

En effet, oui. Totalement décomplexés par l'ivresse du succès, certains hauts dignitaires de la finance ont poussé le vice et la provocation jusqu'à donner de tout cela des interprétations très visionnaires. Au milieu de ce bruit de fond insane, Warren Buffett, un sourire même pas narquois aux lèvres, déclara à une heure de grande écoute : « Il y a une lutte des classes, bien sûr, mais c'est ma classe, celle des riches, qui fait la guerre. Et nous gagnons. » Le fait est qu'un armistice tacite avait été signé et que les conditions posées par le vainqueur étaient on ne peut plus claires : « On vous a tondus pendant des siècles parce que le marché du cheveu était rentable ; maintenant que vous êtes chauves, on va vous écorcher et faire monter le cours de la peau humaine. »

Boulevard Wilson, il y avait la queue et je devais faire le tri entre les vraies victimes et les idéalistes de tout crin qui, si je n'y avais pas mis bon ordre, auraient profité de ma salle d'attente pour se monter en association afin de me livrer, une fois leur tour venu, la liste des pourritures à faire disparaître d'urgence.

Lorsque, laminé, je rentrais chez moi le soir, je me plongeais dans un bain chaud, j'ouvrais une bouteille dont je n'avais même pas consulté l'étiquette et, à travers mon verre, j'observais les ampoules qui me bouffaient les mains. Dans ces moments de réclusion, je me revoyais, quelques années auparavant, en train de parader face à James, le banquier providentiel qui avait monté à grands frais le dossier de mon entreprise[1]. N'avais-je pas dit à ce couillon que mon affaire était si prometteuse qu'en quelque temps seulement il me faudrait raser l'immeuble d'en face pour y faire un parking avant de finir par délocaliser en Russie ? En attendant, j'avais aujourd'hui pignon sur rue et si j'avais possédé autant de morgue que je le prétendais à l'époque, j'aurais effectivement monté une franchise et fait fortune dans le très florissant marché du tri sélectif des ordures. Dick Lapelouse Corp.™. Or, il fallait bien me reconnaître ça : je n'avais pas le sens des affaires et une certaine éthique m'obligeait à restreindre mes accès d'aigreur.

Moi aussi, j'étais un marqueur. Warren Buffett et ses copains pouvaient parader devant les foules aphasiques, ils ne risquaient pas grand-chose puisque toute velléité de revanche avait été anéantie. Il n'y aurait aucune révolution mondiale. Il n'y aurait que des tentatives individuelles. Je ne suis pas un opportuniste, j'étais là avant que toute cette boue ne nous dégouline dessus. Mais une chose est sûre : si la D. L. Corp.™ avait existé, j'aurais fait un massacre. À bien y regarder, moi aussi, de temps à autre, j'aurais volontiers dessoudé

1. Voir du même auteur, *Le Tri sélectif des ordures et autres cons*, Pocket, 2014.

une de ces crevures sans qui le monde se serait mieux porté. Je n'ai aucune pitié pour ces gens-là.

Vers la fin du second semestre 2012, n'y tenant plus, le Dr Malcolm Braun est venu frapper à ma porte :

– Dick, il faut que tu fasses quelque chose, je suis pas ta secrétaire. Ces gens débarquent sans prévenir, au beau milieu de mes consultations. Enfin, merde, tu te rends compte que ça devient embarrassant ?

Le mot a résonné dans ma tête alors même que je la rejetais en arrière, un doigt plaqué contre ma narine droite pendant que la gauche achevait d'évacuer vers mes sinus la petite ligne de cocaïne que je venais d'inspirer – l'adjonction de café et de vitamine C ne me suffisait déjà plus.

Une secrétaire.

Je me suis donc décidé à poser une affichette dans un bar où j'ai mes habitudes, à quelques portes de mon appartement de la rue du Chai-des-Farines.

Voilà comment Camille est entrée dans cette histoire.

3

Une Secrétaire

Cherche secrétaire expérimentée
(étudiante s'abstenir)

08 27 28 30 31	08 27 28 30 31	08 27 28 30 31	08 27 28 30 31	08 27 28 30 31	08 27 28 30 31	08 27 28 30 31	08 27 28 30 31	08 27 28 30 31	08 27 28 30 31

Non pas que j'aie jamais douté des talents des étudiantes, mais j'avais décidé du profil de mon employée bien avant de rédiger l'annonce. Je la voulais expérimentée donc âgée, mais surtout moche, avec du caractère, et une forte capacité de résistance à mes sourcillades clooneysques – oui, parfois je jette à mes visiteurs ce regard qui me fait ressembler à George Clooney quand la lumière vient de derrière : le sourcil arqué, la bouche le plus près possible du menton, les maxillaires serrés jusqu'à la tendinite et l'œil qui passe du clair au pâle par la seule force de ma volonté. Bref, je souhaitais une secrétaire à laquelle je n'irais pas m'attacher et qui saurait m'en remontrer. J'aime les femmes de caractère qui me renvoient à ma position d'homme solitaire parce que refusant l'idée de partager un lit au-delà du temps imparti à un rapport purement sexuel.

Camille a répondu deux jours plus tard. Elle fut mon quatrième rendez-vous. Je l'ai choisie pour son poids – quatre-vingt-six kilos sur ma Roberval mentale –, sa taille – un mètre soixante-deux selon ma toise visuelle –, son âge – cinquante ans à vue de pif – et son goût immodéré pour les assemblages vestimentaires douteux – jean neige, chemise de satin verte, veste grosses mailles rose pâle, une ligne inédite depuis « Ouragan », le suicide musical de Stéphanie de Monaco. Elle était blonde grâce à sa coiffeuse, avait les cheveux courts et savamment brushés, et portait autour du cou un large médaillon à l'effigie de Claude François – pendentif grâce auquel on comprenait tout de suite à qui elle rendait hommage en se peignant chaque matin. Quant à son CV, il y était inscrit qu'elle avait fait les cours Pigier. Je l'ai embauchée illico.

Au boulevard Wilson, il y a un local qui sépare mon bureau de celui du Dr Braun. J'y avais rapidement improvisé ma salle d'attente, il semblait donc normal d'y mettre une secrétaire. J'ai demandé à Camille de recevoir en ce modeste lieu mes commanditaires et de les faire patienter en mon absence ou bien de leur donner rendez-vous pour une date ultérieure.

– Écoutez, Camille, le principe avec moi, vous l'avez compris, c'est de ne pas me poser de questions.

– D'accord.

– De ne pas non plus en poser à mes clients.

– D'accord.

– Et de ne surtout pas répondre aux leurs.

– D'accord.

J'aurais choisi une étudiante, plutôt que cette bonne baleine caractérielle qui m'ensemence les oreilles avec son Claude François depuis maintenant deux mois, il n'y aurait pas eu de « D'accord », il y aurait eu des « Pourquoi ? ». Avec Camille, on fait dans l'économie de moyens. Je pose les conditions, elle acquiesce. Parfois elle discute mais ça, je l'ai découvert après coup.

– Monsieur Lapelouse ?

– Oui, Camille ?

– Je pars.

– Bonne fin de journée à vous, Camille.

Le Dr Braun et moi sommes installés sur le canapé de mon bureau et nous regardons Camille enfiler son gilet fuchsia avant de sortir. Comme la porte se referme sur sa silhouette informe, je demande à mon convive :

– Bon, maintenant que j'ai écouté tes conseils, je te retourne la question : t'aurais pas besoin d'une secrétaire par hasard ?

– J'en sais rien. Pour l'instant, ça m'a jamais manqué.

– C'est une fille bien, tu sais. Bon, elle écoute du Cloclo dès qu'elle a cinq minutes, mais à part ça, je vois rien à lui reprocher. On pourrait mutualiser, qu'est-ce que t'en dis ?

Deux jours plus tard, Braun et moi trimballons Camille parmi les richesses surestimées mises à disposition des Bordelais de la haute tout au long du cours Clemenceau, afin qu'elle ait son mot à dire sur l'ameublement de son bureau. Elle fait le nez devant le mobilier épuré que nous lui proposons, mais fléchit sur bien des points. C'est une autre paire de manches lorsque l'on aborde la question de sa garde-robe. Et c'est aussi en vain que nous tergiversons dans diverses boutiques de bijoux fantaisie. Le médaillon ne se décrochera jamais du cou de Camille : elle a laissé des indications chez son notaire pour que sa famille l'enterre avec.

Le week-end suivant, une paire de maçons remet aux normes ISO 9002 le local entre nos bureaux, le séparant en deux portions : un secrétariat et une salle d'attente. Le lundi, Camille en robe parme sous chandail angora jaune poussin, chanteur mort en sautoir, prend place derrière une magnifique table de chez Signalement et une série de classeurs de chez Sisko. Elle a devant elle deux agendas, un téléphone et un petit lecteur CD dont elle n'est autorisée à se servir qu'en cas de non-affluence.

Les fêtes de fin d'année arrivant, les demandes se sont faites plus pressantes. On sait combien décembre peut occasionner de déprimes. Jusqu'au 23, il m'est arrivé de faire jusqu'à deux déplacements par jour. Musculairement parlant, j'approchais de l'état liquide.

Le 24 en fin d'après-midi, alors que je m'apprêtais à fermer boutique pour une bonne semaine, Camille s'est levée de derrière son bureau, elle a passé l'anse de son sac par-dessus son épaule, et elle m'a dit :

– Je vous souhaite un bon réveillon, monsieur Lapelouse.

J'ai noté dans sa voix comme un petit vibrato qui m'a rappelé celui dont usait son demi-dieu lorsqu'il meuglait « Le téléphone pleure » dans les émissions de Maritie et Gilbert Carpentier.

– Quelque chose ne va pas, Camille ?

– Non, monsieur Lapelouse. Tout va très bien.

Largement oblitéré par le plissement du menton, son « tout va très bien » était de trop. Une trahison physique que sont immédiatement après venues dénoncer deux petites larmes. J'y ai vu la solitude de son retour à la maison, la solitude de sa soirée, la solitude de son sapin tout enguirlandé par elle seule et seulement pour elle. Une soirée en tous points comparable à la mienne. À une exception près : je me foutais comme d'une guigne de Noël et si j'avais voulu passer cette nuit-là en compagnie, sous prétexte qu'il est obligatoire de s'y réjouir, j'aurais loué les services d'une escort à qui j'aurais offert un ensemble Chantal Thomass, avant de le déchirer à coups de dents. Or j'étais bien trop épuisé pour un tel effort et j'avais serré, ces derniers temps, bien trop de corps entre mes doigts pour trouver de l'apaisement dans un câlin tarifé.

– Vous connaissez un restaurant qui vous ferait plaisir ?

Camille s'est contentée de sourire entre ses larmes.

Nous avons filé à l'Entrecôte, mais la foule qui dégueulait du trottoir nous a découragés. Nous avons tourné et viré comme ça pendant une bonne heure avant d'accepter les faits : un 24 décembre, à moins d'avoir réservé douze mois plus tôt, il est impossible de trouver une table. Nous avons repris la voiture, Camille a remonté son brushing en se regardant dans le miroir de courtoisie, puis elle a soupiré :

– Bon ben, on aura essayé.

– Je vous invite à boire un verre. Vous devez bien connaître un rade qui vaut le déplacement, non ?

Voilà comment on se retrouve attablés devant des gin-tonics, dans un petit bar crasseux du quartier des Capucins. Les lieux ne possèdent pas de cuisine mais un quarteron de spots multicolores synchronisés à une sono Philips de 1982 diffusant… du Claude François. Le repaire de Camille. Nous ne nous disons rien pendant les trois premières chansons, je la laisse dodeliner de la tête en rythme, elle murmure les paroles, je termine mon verre et je recommande une tournée. À la quatrième, après quelques propos laconiques échangés en souriant, Camille finit par poser ses deux coudes sur la table, son menton entre ses mains, et, ses yeux plongés dans les miens, elle me demande :

– Alors expliquez-moi, monsieur Lapelouse : vous êtes qui, au juste ?

Une heure. C'est le temps que je passe à raconter les chapitres 1 et 2 de mon histoire. Puis le silence retombe sur le petit bar au moment même où s'achève « Cette année-là ». Face à moi, Camille attend patiemment que l'intro du « Lundi au soleil » ait pris assez d'ampleur pour se pencher en avant et me demander :

– En gros, si j'ai bien tout compris, vous êtes détective privé, c'est ça ?

Qu'est-ce que vous imaginiez ? Que j'allais risquer de perdre une si brillante secrétaire en lui livrant comme ça les statuts de la société qui l'emploie ? Allons. J'ai fait comme avec Mme Granier : j'ai raconté une suite de mensonges avec des morceaux de vérité dedans.

Camille en a déduit que j'étais détective privé.

Et ça m'a coûté la tournée suivante.

Niveau -1

MICHEL ET BERNARD BLONDEL

4

Ma conscience et le Dr Braun

Malcolm Braun est devenu en cinq ans ce qui se rapproche le plus d'un ami. Le voisinage de son cabinet de consultation m'a beaucoup appris et depuis maintenant quelques mois, il accepte que je vienne m'y recueillir chaque vendredi.

D'aucuns vous diront qu'il est objectivement impossible de se faire analyser par un proche. Braun a argué de ce même prétexte pour me refuser son divan pendant des siècles. Mais pendant des siècles, je suis revenu à la charge et j'ai fini par lui avouer les secrets de mon entreprise comme on déroule sans la moindre innocence une ligne de fond à l'arrière de son bateau. Il a mordu, normal : je suis un cas d'école. Jusqu'ici, Malcolm a été d'une discrétion à l'épreuve de la torture. La seule chose qu'il ait jamais trouvé à me dire fut cet avertissement :

– En ce qui me concerne, je ne pratique pas en low cost. Je suis psychiatre conventionné secteur 1, donc mes honoraires sont pris en charge par la sécu. Si je décide de t'accepter en consultation – et je dis bien *si* –, vu ce que tu te traînes, ce sera une thérapie analytique. Et ça, ce n'est évidemment pas remboursé.

– Allez, c'est bon, arrête de faire ta rosière. Passe-moi plutôt la paille !

J'ai craint pendant un temps qu'une analyse ne foute par terre le château de cartes que j'avais monté de mes petites mains. J'ai eu peur d'avoir à me poser trop de questions. J'ai eu la trouille de me retrouver à chialer sur mes prérogatives et incapable de passer à l'acte le moment venu, bloqué par un surmoi qui aurait soudain pris le pouvoir. Tout volontaire que j'aie été pour entamer cette trépanation, je m'y suis engagé sur la pointe des pieds comme un chien au bas d'un escalator. Or je n'ai pas pleuré, je ne me suis pas effondré et j'occis toujours autant d'ordures patentées sans jamais pâlir. Digresser sur mon extraordinaire aptitude à supprimer des vies sans interroger une quelconque forme de morale me coûte désormais 75 euros par semaine.

La première fois que je me suis allongé, j'ai repensé à Mme Granier et je me suis fait la réflexion que mon pouvoir d'achat avait sérieusement chuté depuis que j'étais passé en indépendant. À douze ans, 1,70 franc représentait une ponction d'à peine 2 % sur mes rétributions de voleur débutant. Aujourd'hui, 75 euros, c'est tout de même la moitié de la somme moyenne que je réclame à un client pour éliminer son despote personnel.

Je ne sais pas si j'ai trouvé un certain équilibre et, pour l'heure, Braun se refuse à tout bilan.

– La psychanalyse a remplacé la cartomancie depuis plus d'un siècle, pauvre malade. Mais il reste des diseuses de bonne aventure. Si tu veux un bilan, trouve-t'en une.

Si mon cas clinique est intéressant, Braun n'a encore jamais tenté de me faire considérer mes actes d'un point de vue critique. Je parle, il m'écoute, parfois le silence s'installe, parfois je suis une fontaine logorrhéique. Je pose des passerelles entre mes divers souvenirs et, fascinant phénomène, tel un jeune ingénieur tout frais sorti des Ponts et Chaussées, je consolide mes édifices pour en faire des autoroutes avec échangeurs, panneaux d'indication et aires de repos. Il m'arrive aussi de ne rien trouver du tout, d'échouer sur un sentier de délestage dans lequel le bon docteur me laisse m'embourber avant de regarder judicieusement sa montre :

– Bien, on va s'arrêter là pour aujourd'hui.

Voilà. Une demi-heure par semaine, je me fais psychanalyser par le Dr Braun, un garçon alerte et sympathique, qui ne crache pas de temps à autre sur une petite ligne de stupéfiant – *vielen Danke, Doktor Sigmund.*

Et désormais, nous partageons la même secrétaire.

5

Mes caméras

– Monsieur Lapelouse, il y a quelqu'un qui veut vous voir.

– Il a rendez-vous ?

– Non.

– Vous avez son nom ?

– Non.

– Demandez-le-lui, je vous prie, Camille.

Chez Dick Lapelouse, j'ai posé la règle suivante : on ne téléphone pas, on se déplace. On vient voir. On juge de l'étrangeté du lieu, ce hall immense et sombre au-dessus duquel passe une coursive pas très large qui dessert nos bureaux, cet escalier intimidant et ce monte-charge pour invalides qui rajoute un petit je-ne-sais-quoi d'inquiétant au décorum. Quand on a franchi ces étapes et que le faible garde-fou de la coursive n'a pas provoqué de vertige ni de désir de suicide, on se retrouve face à trois portes, distantes de cinq mètres les unes des autres. L'une possède une plaque en cuivre mentionnant les qualités thérapeutiques du Dr Braun. La deuxième, comme son nom l'indique, est un secrétariat. La mienne est muette. L'ultime épreuve consiste donc à rencontrer Camille. Avec un peu de chance, et suivant la saison, elle aura retiré une couche de vêtements, ce qui rendra le mélange des couleurs un peu moins vomitif. Les plus vaillants résisteront encore à la sourdine de « Ça s'en va et ça revient ». Et un dialogue s'engagera, ressemblant approximativement à ceci :

– Bonjour.

– Bonjour.

– Je peux vous renseigner ?

– Eh bien voilà, je souhaiterais rencontrer M. Lapelouse.

– Nous allons prendre un rendez-vous, si vous le voulez bien. Vous êtes monsieur/madame… ?

– Oui… euh… Eh bien en fait, je voudrais rencontrer M. Lapelouse maintenant, c'est assez pressé.

– Nous allons prendre un rendez-vous. Vous êtes monsieur/madame… ?

Devant une telle muraille, le client n'a que deux possibilités : donner son nom et prendre rendez-vous, ou reconsidérer le fondement réel de sa requête en repassant la porte, la coursive et le hall d'entrée dans le sens inverse.

Depuis cinq ans que j'exerce, il m'est arrivé quelquefois de me tromper sur les motivations de mes clients. C'est une considérable source d'ennuis. J'exige donc un nom avant de recevoir la personne vingt-quatre heures minimum après son premier passage. La rigueur dans mon métier est affaire de survie.

– Il refuse de me donner son nom, monsieur Lapelouse.

– Vous connaissez la procédure, Camille.

– Bien, monsieur.

Nos bureaux sont très bien isolés. Je n'entends pas ce qui se dit dans l'antre de Camille et à peine son inépuisable musique allergène. Quelques secondes plus tard, je perçois néanmoins le bruit de sa porte qui se referme, puis des pas sur la coursive. On vient de s'arrêter devant mon office, une main vient de se poser sur la poignée et on tente d'ouvrir.

Depuis que Camille est à notre service, j'ai fait installer une commande à distance. Ma porte ne s'ouvre que si j'en ai envie.

Le bonhomme insiste. La poignée s'abaisse plusieurs fois et le panneau de bois subit alors la pression d'une épaule insistante. Lorsque je déclenche l'ouverture, le type vient de reprendre un peu d'élan. Déséquilibré, il pénètre en crabe sur mon tapis et manque de se ramasser sur les motifs rondoïdes de ma moquette en pure laine vierge. J'ouvre discrètement le tiroir de mon bureau et je déclenche un petit enregistreur vidéo.

C'est un blond, plutôt costaud, l'effort lui a fait rougir les joues, le mois de juin lui a collé une belle suée sur le front ainsi qu'en divers endroits de sa chemise, dont il a roulé les manches pour découvrir des avant-bras d'officier de pont. Pour contrecarrer le ridicule de sa situation, très péremptoire, il lâche :

– Police !

Puis il brandit une carte tricolore qu'il balance sur mon bureau avant de poser sa lourde carcasse dans l'un des deux fauteuils qui me font face. J'y jette à peine un œil mais j'ai la très nette impression que je connais ce type – et pas seulement parce que son nom m'évoque la petite rue du Sentier où j'allais naguère faire câliner ma couenne d'adolescent. Alors j'y vais avec le sourire décontracté du commerçant un jour de contrôle fiscal :

– En quoi puis-je vous être agréable, lieutenant Blondel ?

– Comment vont les affaires ?

– Elles vont bien, vous avez pu en juger par vous-même, j'ai même embauché du personnel, qui est d'ailleurs rémunéré pour filtrer les gens qui viennent ici.

– Elle est un peu bizarre, non ?

– Camille est une fille très bien et très attachée à son travail. Maintenant, si vous voulez bien m'exposer l'objet de votre visite, je pense que nous gagnerions du temps l'un et l'autre.

Le lieutenant Blondel, sa blondeur filasse et son embonpoint musculeux se calent au mieux dans le fauteuil. C'est ce mouvement de décontraction invasive joué à la perfection qui me remet immédiatement en mémoire le souvenir de ce flic.

Il est déjà venu, ici même, quelques mois après mon installation. Je l'avais au préalable rencontré dans un commissariat de Bordeaux où j'étais allé porter plainte pour un cambriolage. Sans doute s'était-il senti en accord parfait avec ma profession. Le lendemain, il s'installait, de la même manière qu'aujourd'hui, dans ce même fauteuil, et il me demandait poliment d'aller assassiner le préfet qu'il accusait de pédophilie. J'ai refusé cet exercice de basse police et je l'ai chassé non sans l'avoir laissé dire que j'entendrais parler de lui.

– Vous vous souvenez de moi, n'est-ce pas, monsieur Lapelouse ?

– Je devrais ?

– Mais oui, voyons. Nous nous sommes déjà rencontrés, vous le savez très bien.

– Admettons que je vous connaisse et que j'aie pu vous oublier. En quoi puis-je vous être utile ?

– Vous faites toujours le même métier, n'est-ce pas ?

– Vraisemblablement.

Le lieutenant impose alors à son corps une position diagonale pour aller chercher dans la poche arrière de son jean une photo cabossée qu'il pose devant moi et que je ne regarde même pas.

– Ça, c'est mon frère. C'est aussi une longue histoire dans laquelle il est question d'une femme et d'un accident de la route où cette femme est morte et pas lui. Mon frère buvait beaucoup à cette époque et cette femme était la mienne. Nous allions nous marier.

– Je ne fais pas dans le complot de famille, monsieur Blondel.

– Non, attendez, il ne s'agit pas de ça.

Le flic est de moins en moins décontracté. Du fond du fauteuil où il se prélassait jusque-là, il passe au rebord sur lequel il ne pose plus que le bout de ses fesses. Ses deux mains s'agitent quand il parle. La sueur qui arrivait à se maintenir dans les gouttières de ses rides frontales glisse désormais le long de ses tempes, suit la ligne accidentée du maxillaire et vient goutter sous son menton. Cette pièce est pourtant climatisée.

– Il ne s'agit pas de ça du tout. Je pense que tous les gens qui viennent vous voir souffrent. Et ils doivent y réfléchir à deux fois avant de franchir cette porte. J'ignore de quoi leurs nuits sont peuplées une fois que vous avez soulagé leurs douleurs, mais je suis prêt à payer très cher pour que ce type disparaisse de ma vie.

– Je ne pratique aucune surtarification, monsieur Blondel, en dehors des options qui sont inscrites dans mon catalogue.

Ce disant, je le quitte des yeux pour aller reposer mon regard sur les deux lithographies de Roy Lichtenstein qui ornent le mur du fond. Derrière l'une d'elles, il y a un coffre-fort à code et empreintes biométriques réputé inviolable – ce qui est une usurpation, tout le monde le sait – scellé dans du béton armé. Là sont déposés tous mes dossiers, toutes mes richesses, tout ce qui fait que, matériellement, Dick Lapelouse est Dick Lapelouse.

– Qu'est-ce qui vous pose problème, au juste ? Que je sois flic ? Regardez-moi quand je vous parle, bordel !

– À vrai dire, un peu, oui.

– Parfait !

Blondel se penche au-dessus de mon bureau, saisit sa carte de police, la retire de sa pochette plastifiée et la déchire en quatre morceaux sans me quitter des yeux. Il jette en l'air les bouts de carton, ce que j'apprécie assez peu.

– Voilà ! J'ai démissionné il y a trois mois. Dépression. J'ai rendu mon arme de service le jour où j'ai compris que je la sortais plus souvent pour me la poser sur le crâne que pour contrôler un criminel. Cette femme me manque et ce frère est en trop. J'ai besoin de vos services.

Je n'aime pas la police. Nous sommes très nombreux dans ce cas. À vrai dire, la haine des flics est tellement répandue de par le monde que c'est à se demander comment il peut encore naître des vocations. Il y a cinq ans, j'ai refusé à Blondel le traitement de son préfet. J'avais perçu en lui une sorte de justicier social qui me considérait comme un collègue. Ça ne m'avait pas plu et je ne voulais pas me mettre en position d'exécuteur de l'administration judiciaire. Mais aujourd'hui, il faut bien reconnaître que ce type est redevenu, à peu de chose près, un client comme un autre : victime d'une affaire privée qui ne regarde que lui.

Je demande à l'ex-lieutenant de la Police nationale de sortir de mon bureau et d'aller dans celui de ma secrétaire pour y prendre un rendez-vous. En retour, il me demande si je compte réfléchir à sa proposition. Je lui répète d'aller prendre rendez-vous. Alors qu'il s'en va, j'ouvre mon tiroir de gauche et je coupe l'enregistrement.

Dans l'année qui a suivi mon installation, l'expérience faisant foi, j'ai mis en place un discret système de télésurveillance. J'exècre l'implantation des caméras dans les rues de nos villes. D'abord parce que je subodore qu'elles ne font qu'accroître l'inquiétude du citoyen – selon la logique voulant que la présence d'une caméra de sécurité induise l'existence d'un danger à fort potentiel. Ensuite parce qu'Internet est bourré de petits films issus de ces mêmes caméras, ce qui laisse à penser qu'un nombre incontestable d'agents de sécurité disposent de ces images comme bon leur semble.

Seulement voilà, de mon côté, je me suis vite rendu compte qu'il pouvait être important, pour ma propre sauvegarde, d'enregistrer non plus uniquement la partie concernant la signature du contrat, mais tout ce qui se déroule dans cette pièce à partir du moment où un client y pénètre. J'ai donc fait installer une caméra grosse comme une tête de clou, munie d'un micro, dans la tringle à rideau, juste derrière moi. Elle est reliée à un enregistreur disposé dans le tiroir de gauche de mon bureau.

Je coupe donc cet enregistreur, j'en éjecte la carte pour la remplacer par une vierge. J'y inscris le nom de Blondel et la date du jour sur une petite enveloppe dans laquelle j'enferme le fichier numérique avant d'aller la déposer au coffre. Lorsqu'enfin j'entends le pas lourd de l'ex-flic repasser sur la coursive et descendre l'escalier, j'appelle Camille : Blondel, me répond-elle, réapparaîtra demain, à 10 h 30. Je me rends compte que j'ai accepté cette commande avec beaucoup de réticence et ça me pose un problème que je n'arrive pas à cerner. Je sonne Braun pour savoir s'il a un créneau pour me recevoir.

– Monsieur Lapelouse, votre prochaine consultation aura lieu vendredi à 14 h 15.

– Tu fais chier, Braun ! J'ai besoin de te voir. Ça existe, non, les urgences en psychiatrie ?

– …

– Ok, merci ! Salut !

Je raccroche. Il me rappelle :

– Tu comprends pourquoi une analyse sérieuse ne peut pas se faire entre deux personnes qui entretiennent des relations amicales, Richard ?

– Ouais, je comprends.

– Mais tu t'en fous ?

– Ouais, je m'en fous même pas mal, tu vois.

– Allez, ramène ta fraise.

D. Lapelouse
Séance n° 29 du 01/06/13

Dr Braun : Qu'est-ce qui te pose problème ?

Dick Lapelouse : Bah, j'en sais rien…

Dr B. : Des questions de morale ?

D. L. : Mon métier ne s'encombre pas de questions morales, Braun. Je décide seul, ça me suffit. Je n'en réfère jamais à mon âme ni à ma conscience. J'ai en face de moi des gens qui ont très certainement interrogé les leurs des heures durant avant de venir me voir. Ils sont les premiers concernés. Moi, j'arrive en tant qu'exécutant. Pour faire refaire ta terrasse, tu ne choisis pas un maçon selon la philosophie qu'il a de la vie, tu veux juste qu'il ait les bons outils, le compas dans l'œil, qu'il soit présent chez toi tous les jours jusqu'à la fin du chantier et, si possible, qu'il s'occupe des finitions. Ben moi, c'est pareil.

Dr B. : Si l'on considère que ton âme et ta conscience interrogent l'une après l'autre ta morale, c'est effectivement une sage manière de procéder.

D. L. : Tu veux savoir quoi au juste ? Si tuer m'inspire quelque chose de… spécial ? Oui, forcément. Je suis un animal social, donc je sais faire la part du quotidien et de l'extraordinaire. Je sais pertinemment qu'un type comme moi n'a rien à foutre dans un bureau tel que celui-ci. Seulement voilà, c'est le jeu de l'offre et de la demande. Quand j'ai ouvert, la mayonnaise a pris – comme quoi, hein ? Pendant quinze ans, j'ai tué des personnes qui gênaient mon employeur et je me suis fait pas mal de fric avec ça. Quand je me suis arrêté, j'aurais très bien pu poursuivre ma route seul, sur le même mode, et je m'en serais sans doute très bien sorti. Mais va savoir pourquoi, peut-être une pointe de culpabilité, j'ai décidé de mettre mon savoir-faire au service des petites gens. C'était sûrement un moyen pour moi de faire un peu place nette.

Dr B. : Tu veux dire quoi par *place nette* ?

D. L. : Ben... j'ai éliminé des individus qui ne m'avaient strictement rien fait, que pour la plupart je n'avais même jamais vus de ma vie, et tout ça pour le bon plaisir d'un seul homme, riche de surcroît. Pour qu'il continue à se répandre, à phagocyter, à se gaver sans qu'aucune arête vienne se planter dans son gosier.

Dr B. : Pour quelles raisons l'as-tu quitté ?

D. L. : Ça devenait dangereux pour moi.

Dr B. : À quel point de vue ?

D. L. Disons qu'on m'a fait comprendre qu'un jour ou l'autre, ce serait moi qui deviendrais une pierre dans le jardin de Paoletto. Donc je suis parti.

Dr B. : Revenons sur ta *place nette*.

D. L. : J'aurais jamais dû dire ça…

Dr B. : Oui, seulement tu l'as dit.

D. L. : Qu'est-ce que tu veux savoir sur cette *place nette* ?

Dr B. : Mauvaise question, Dick. Qu'est-ce que toi, tu veux savoir de ça ?

D. L. :… !

Dr B. :…

D. L. :… !!

Dr B. :…

D. L. : Tu m'emmerdes, Malcolm !

Dr B. :…

D. L. : Ok ! Non, j'avais pas peur de me faire flinguer par un collègue parce que j'étais sous la protection d'un type qui ne me voulait pas de mal et qui m'avait appris suffisamment de choses pour que je m'en sorte. Ce qui m'a fait partir… c'est une femme.

Dr B. :…

D. L. : Tu m'aides vraiment pas, là.

Dr B. : Au contraire.

D. L. : Ok, allons-y… Paoletto m'envoie un jour avec une nouvelle recrue sur un coup à moto : un dirigeant d'une entreprise de travaux publics qui refuse de jouer dans sa cour, un couillon qui vient de la capitale et qui s'imagine qu'il va échapper à la dîme locale. Bref, le nouveau pilote la moto, je suis sur la selle arrière avec un fusil à canon scié chargé au plomb de 12. On doit cueillir le client à la sortie de son domicile, mais quand on arrive sur place, sa voiture est déjà en train de partir. Mon binôme met les gaz, on remonte la bagnole par la droite, j'arme le fusil et je braque la vitre du passager qui est ouverte. Au moment où j'appuie sur la queue de détente, une femme se redresse à la place du mort…

Dr B. :…

D. L. : Quand on est rentrés…

Dr B. : Stop ! Parle-moi de la femme.

D. L. : Merde, Braun !

Dr B. : La femme.

D. L. : Elle a pris la décharge en plein visage, à moins d'un mètre cinquante de distance. Tu vois le tableau ou tu veux un dessin ?

Dr B. : C'est toi qui veux un dessin.

D. L. : Elle avait dix-neuf ans. C'était la fille du type. Sa tête s'est décrochée de son cou comme celle d'une poupée. Son sang a repeint tout l'habitacle. L'entrepreneur a braqué violemment le volant et ils sont allés percuter un rocher avant de basculer dans un ravin. Voilà. J'avais jamais tué de femme, encore moins une gosse. Sur la route du retour, je me suis rendu compte que ça ne me faisait rien et je pense que c'est ça qui m'a le plus effrayé. Ne rien ressentir. Je me souviens que je n'arrêtais pas de me poser la question : « Tu ressens rien, t'es sûr ? » Et plus je répondais non, plus ça me faisait flipper. À un moment, sur le trajet, une voiture nous double et le conducteur se rabat en nous faisant de grands gestes. C'est Barzotti. On se gare et il accourt vers nous. « Putain, il nous dit, vous l'avez fait ?! – Évidemment », je lui réponds. Alors il se prend la tête à deux mains et il se met à gueuler : « Bordel de merde ! Le type a accepté le deal de Paoletto ce matin. Il l'a appelé un quart d'heure après votre départ ! » Quand on partait sur un coup, on prenait aucun téléphone portable. À l'époque, il n'y avait pas ces appareils jetables que tu peux balancer après deux coups de fil. Voilà, j'avais flingué une gamine pour que Paoletto puisse étendre ses tentacules et, en cours de route, les cartes avaient changé. J'ai cru qu'avec mon collègue, on allait finir dans une cuve d'acide au fond du garage. Mais Paoletto est passé le soir même pour saluer ses troupes et il n'a fait aucun commentaire. Je suis parti un mois plus tard parce qu'il m'a fallu un mois pour tirer le bilan de tout ça. Un mois, Malcolm ! C'est dire si j'étais déconnecté. Alors quand je parle de *faire place nette*, ça veut dire que j'ai le sentiment d'avoir des comptes à solder, notamment celui-là. D'une manière ou d'une autre, j'aime à penser que chaque fois que je terrasse un salopard qui faisait souffrir un être démuni, c'est comme si je venais mettre des fleurs sur la tombe d'une des victimes de ma précédente vie.

Dr B. : Tu veux parler de rédemption et tu prétends que tu n'interroges jamais ton âme ni ta conscience ? Ben mon vieux, solide programme.

D. L. : Tu viens de dire *mon vieux*, j'estime donc que nous ne sommes plus en consultation.

Dr B. : Tu es sur mon divan, Dick. Ça te coûtera quand même 75 euros. Et j'ai une dernière question.

D. L. : Si elle me coûte pas un dépassement d'honoraires…

Dr B. : Tu t'appelles Richard. Alors pourquoi Dick ?

D. L. : Parce que tu crois que je me demande pas la même chose pour toi, Mal-colm ?

Dr B. : Allez, invente-moi une réponse.

D. L. : T'as une bière ?

Dr B. : Mon dernier rendez-vous est à 18 heures. Le bar ouvre à 18 h 30.

D. L. : Tu fais chier !

Dr B. : Je t'écoute… Dick.

D. L. : Je t'avertis, ça casse pas trois pattes à un canard, c'est même assez immature. Mais bon. Je suis né de la génération d'après guerre. À l'époque, quand tu passais devant l'officier d'état civil pour déclarer ton gosse, tu te frottais à l'orthodoxie administrative et c'était plutôt soviétique dans l'ensemble. En gros, le type regardait son calendrier et si, par malheur, le prénom que t'avais choisi ne correspondait à aucun saint admis par les PTT, on te filait un quart d'heure pour réfléchir à une autre proposition. En prévention donc, ma mère m'a nommé Richard qui était le second prénom de son père. Quand tu affirmes haut et fort, à dix ans, que tu veux être voyou, Richard ça fait un peu nœud, et tu te retrouves à devoir casser plus de gueules que prévu. Je n'étais pas très grand, donc il fallait que je trouve quelque chose de convaincant. Parmi les faits d'armes de mon père, ma mère m'avait raconté que pendant les années 50, il avait fait pas mal de trafic avec la base américaine de Châteauroux.

Le seul cadeau qu'elle m'ait jamais offert venant de lui, ça a été une série de *comic books*. Il y en avait une demi-douzaine. Ça s'appelait *Detective Comics*. Et dedans il y avait les aventures de Batman. J'ai jamais vraiment aimé Batman. Je trouvais que c'était juste un branque qui prenait ses désirs pour des réalités et qui se servait de son héritage pour les réaliser – je suis même allé jusqu'à croire qu'il n'était pas pour rien dans l'assassinat de ses parents, tu vois le genre. Par contre, j'adorais Robin. Robin, lui, c'était un vrai orphelin du peuple. Élevé dans un cirque, trapéziste, futé, plus petit que Batman, mais salement caractériel contrairement à ce qu'on croit. Bref, je nous trouvais pas mal de points communs jusqu'à ce que je découvre qu'il s'appelait Richard Grayson et que tout le monde le surnommait Dick. Voilà. C'est aussi idiot que ça. Pourquoi tu souris comme un con ?

Dr B. : Et tu as continué à en lire des *comics*, après ?

D. L. : Non. Être un môme, ça m'a pas amusé longtemps. J'ai assez vite éliminé de mon paysage les détails qui pouvaient me trahir. Pourquoi ?

Dr B. : C'est dommage. Parce que tu aurais appris qu'à un moment de son histoire, Robin quitte Batman – donc, quelque part, c'est d'un père de substitution qu'il se sépare, on est d'accord là-dessus. Il le quitte parce qu'il est en totale opposition avec la philosophie un peu fascisante de Bruce Wayne. Peut-être que tu devrais aller revisiter ton enfance en te replongeant dans cette partie de l'histoire, Richard.

D. L. : J'ai que ça à foutre.

Dr B. : On va s'arrêter là pour aujourd'hui, monsieur Lapelouse. Ne mets pas l'ordre sur ton chèque, s'il te plaît.

6

La blonde n° 2

De retour dans mon bureau, il y a une blonde.

Oui, je sais, pour moi aussi ça fait tout de suite déjà-vu[1]. J'avoue même : ça me trouble au point que je fais lentement demi-tour, je ressors et j'entre chez Camille sans frapper :

– Dites donc !

Elle sursaute, son pinceau de vernis à ongles glisse, une trace bleu turquoise dégueule sur son index.

– Depuis quand vous autorisez les clients à pénétrer dans mon bureau sans que j'y sois ?

– Hein ?

– La blonde assise chez moi, elle est pas entrée toute seule à ce que je sache. Attention, Camille, je suis cool, mais je sais être très con.

– Je suis en train de m'en rendre compte, merci. Et j'ai pas laissé entrer de blonde. Je sais que vous en doutez, mais j'ai une conscience professionnelle, moi, monsieur !

---

1. Voir *Le Tri sélectif des ordures et autres cons.*

Je me fabrique un œil menaçant qui ne l'effraye pas du tout. Alors, je décide que je la crois et je ressors.

Dans mon bureau, la blonde n'a pas bougé. Moi-même immobile sur le seuil, je me demande si, en fait, il ne s'agirait pas d'une des patientes du Dr Braun qui se serait juste trompée d'adresse. Elle est assise de dos dans le fauteuil des visiteurs, les jambes croisées, et elle ne se retourne pas quand j'entre. Je traverse la pièce d'un pas badin en l'observant – grande, silhouette gracile, épaules carrées, port impeccable, cheveux remontés en chignon. Quand je passe derrière mon bureau, je suis heureux de découvrir qu'elle possède un visage très harmonieux, en totale adéquation avec mes goûts – grande bouche, yeux sombres, sourcils sévères même quand elle sourit. Et là, elle sourit.

– Bonjour, mademoiselle. Je pense que vous vous êtes trompée de bureau…

– Bonjour, Richard.

– Je… On se connaît ?

La blonde sourit un peu plus largement et je me rends compte qu'elle pourrait faire encore mieux.

– Oui, moi, je te connais. Toi, à ce que j'ai cru comprendre, non.

J'entreprends rapidement une petite fouille mentale à la recherche de la notule anthropomorphique de cette fille dont la présence commence, très étonnamment, à me hérisser. Comme je ne la retrouve pas dans mon fichier clients, j'entame mon fichier call-girls. Aussitôt, elle pouffe :

– Inutile, je n'en fais pas partie.

– De quoi ?

– De ce à quoi tu étais en train de penser juste après le fichier clients.

J'ouvre la bouche, rien n'en sort. Pour compléter le portrait, je pourrais aussi me frotter les yeux, puis me pincer le bras. Au lieu de ça, je me force à articuler quelque chose :

– Je… j'ai… je ne comprends pas. C'est quoi ? C'est pour une affaire ?

Pour toute réponse, elle se penche très lentement sur mon bureau – ce qui repousse les deux pans de sa veste de tailleur de part et d'autre d'une très jolie poitrine à peine masquée par de la dentelle de Calais. Ensuite, elle prend un air un peu triste et me murmure :

– J'en ai marre que tu m'ignores, Richard Lapelouse. Alors, je vais revenir te voir jusqu'à ce que… je ne sais pas… tu me donnes un nom. Pour commencer. D'accord ?

Elle reste dans cette position encore quelques secondes avant de se lever et de partir.

Ok. Bon. Bien. C'était donc une des dingues de chez Braun. Ça ne serait pas la première fois. Il faut juste que je me méfie, la précédente a fini avec une balle dans la tête et ce n'est pas moi qui tenais l'arme. Je décroche mon téléphone :

– Allô ?

– Va peut-être falloir réexpliquer la topographie des lieux à tes patients, Malcolm.

– Je suis en entretien. Vous pouvez me rappeler dans un instant ?

– Oui, mais quand même. Ça va finir par devenir…

Braun a raccroché. Je fais de même avant de me perdre un peu dans la contemplation du fauteuil que cette fille vient de quitter.

7

Rec / Pause

Blondel est à l'heure. Il est 10 h 30 et, s'il a changé de chemise depuis la veille, celle-ci n'est pas moins inondée qu'hier. Il pue la sueur chaude, le tabac froid, l'after-shave tourné, ainsi qu'un truc un peu médical – genre Mercryl – et il fait du mieux qu'il peut pour regarder ailleurs quand il me parle, afin que je ne respire pas les relents d'alcool de son haleine. Ses yeux sont bouffis, le bord de ses paupières rouge. Il s'est chargé pour la grande cérémonie du passage à l'acte. Je vois ça souvent. C'est le moment critique où le client prend la décision définitive. Je serai leur représentant sur la scène de crime mais, chez la plupart d'entre eux, c'est comme s'ils entraient eux-mêmes dans l'arène. Il m'est arrivé de nombreuses fois de me demander si, un de ces jours, je n'en embarquerais pas un avec moi. Blondel plus qu'un autre, même si là, à cette seconde, il a perdu toute sa superbe.

Depuis hier – et malgré ma séance chez Braun –, quelque chose en moi me souffle que ce type-là est un imposteur, que tout cela est un bel et beau travail d'enfumage et qu'il y a sans aucun doute, caché quelque part derrière son tronc, une forêt d'emmerdes en perspective. Je sors de mon tiroir ma petite caméra officielle et je l'installe sur son mini-trépied face à Blondel.

Il m'observe comme un oiseau en cage dont on est en train de changer le régime alimentaire. Je déplie l'écran LCD et le fais pivoter dans sa direction, puis je prends la télécommande et je contourne mon bureau pour venir me placer dans le dos de Blondel. Son regard ne me lâche pas et il se contorsionne pour me voir.

– Regardez la caméra, je vous prie.

Blondel se tourne vers l'objectif.

Je déclenche l'enregistrement et j'attaque mon laïus.

⦿ ***REC***

– *Mardi 2 juin 2013. Passation et captation audiovisuelle simultanée du contrat n°562AC entre le prestataire, M. Richard Lapelouse, et le commanditaire, M. Bernard Blondel, habitant au n° 2 de la rue du Mirail à Bordeaux...*

– *Comment vous connaissez mon adresse ?*

– *... anciennement lieutenant de police au commissariat central de Bordeaux, brigade anticriminalité. L'objet du présent contrat est l'élimination physique, sur commande du susnommé et ci-présent commanditaire, de l'individu Blondel Michel.*

– *Comment vous connaissez le prénom de mon frère ?*

Je ne réponds pas et je rejoins ma place sans avoir coupé l'enregistrement. Ce n'est plus un oiseau en cage qui me regarde, mais un type très inquiet qui vient de se faire prendre la manche de son bleu de travail dans l'engrenage de sa machine-outil. Cette cérémonie vidéo sert à ça. Ceux qui y résistent sont vraiment décidés. J'enchaîne donc.

– *Monsieur Blondel, la personne que vous me demandez d'occire s'appelle M. Blondel Michel. Il s'agit de votre frère et il loge au rez-de-chaussée gauche du 46, rue du Pas-Saint-Georges à Bordeaux. C'est bien cela ?*

Blondel semble contrecollé à son fauteuil. Ses paupières se sont rapprochées comme s'il cherchait à fouiller l'intérieur de ma tête.

– *Est-ce bien cela, monsieur Blondel ?*

– *Oui.*

– *Avez-vous déjà choisi la manière dont vous souhaitiez voir disparaître cet individu ?*

– *Je ne sais pas... pourquoi ? Vous avez plusieurs manières d'opérer ?*

Mon catalogue traverse le bureau. Blondel le regarde sans y toucher.

– *Qu'est-ce que c'est ?*

– *Un catalogue dans lequel vous trouverez plus de trois cents possibilités. Je n'exerce que sur choix du client.*

Il ouvre le cahier des horreurs d'une main hésitante. S'il redoutait d'y trouver des polaroïds illustratifs, il est immédiatement rassuré et commence à feuilleter en ouvrant des yeux de plus en plus ronds. Mon catalogue ne contient aucune photo – je ne collectionne pas les trophées. En général, une description très explicite du déroulement des faits suffit. C'est synthétique à souhait, chaque page ne compte pas plus de cinq à sept cents signes, et ça répond à toutes les questions avant même qu'on se les pose.

De temps à autre au cours de sa lecture, l'ancien flic me jette un coup d'œil. Peut-être, dans ces moments, s'imagine-t-il dans son bureau devant cette énorme pièce à conviction, et moi face à lui, menottes aux poignets. Puis il regarde la petite caméra qui nous sépare et son impression s'éteint en même temps que l'ignominie de sa réalité reprend le dessus.

– *Écoutez, je ne sais pas... La strangulation, vous faites ça ?*

– *Page 27.*

Blondel trouve la page 27, lit rapidement puis referme le catalogue en étouffant un raclement de gorge dans son poing pour masquer sa réponse :

– *Ok. Je vais prendre la page 27.*

– *Vous pouvez répéter, monsieur Blondel, je n'ai pas bien compris.*

– *Vous le faites exprès ?*

– *Non, je veille à ce que tout ce qui est enregistré en cet instant soit intelligible.*

Ça y est, Blondel me déteste. Et ça va continuer comme ça pendant encore quinze bonnes minutes parce que l'article n'est pas encore terminé.

– *La page 27.*

– *Que dit la page 27, monsieur Blondel ? Je veux vous entendre la lire.*

Il se rencogne dans son fauteuil en se suçotant une molaire.

– *Vous cherchez quoi, au juste ? À me faire douter ?*

– *Je ne cherche rien. Je vais tuer votre frère à votre demande et nous sommes en train d'établir les termes exacts du contrat qui va nous lier pour tout le reste de votre vie, monsieur Blondel. Merci de lire le paragraphe se rapportant à votre choix, s'il vous plaît.*

Sa main s'abat brutalement sur le catalogue qu'il tire à lui. Puis il écarte les jambes, se penche au-dessus du livret et commence la lecture d'un ton faussement détaché :

– *« Le sujet est exposé pendant un temps allant de trente secondes à cinq minutes (ce temps est variable selon le sexe, le poids et la résistance physique de l'individu) à une contention des voies respiratoires. Cette contention peut être réalisée de manière mécanique (corde, filin, chaîne métallique, etc., cf. grille de tarification p. 257) ou manuelle (bras, mains, etc., cf. grille de tarification p. 258). Une fois la mort constatée, les lieux du crime sont laissés propres et sans signe de lutte. Les entrées du domicile sont néanmoins fracturées afin que l'enquête de police ultérieurement diligentée s'oriente vers un cambriolage ayant mal tourné. Le contractant s'engage à remettre à l'exécutant tous les moyens de pénétrer au domicile de la victime (clés, passe, carte magnétique, digicodes, etc.). Ces effets lui seront rendus dans les vingt-quatre heures suivant l'exécution du présent contrat. »*

Blondel soupire. J'enchaîne :

– *Vous désirez donc que j'agisse sur M. Blondel Michel selon les descriptions faites en page 27 du catalogue ci-présent. Est-ce exact, monsieur Blondel ?*

– *Oui.*

– *De quelle manière souhaitez-vous que la strangulation soit effectuée ?*

Blondel ne sait pas quoi répondre, je désigne mon catalogue, il bouge les yeux dans sa direction, relit le passage relatif aux modes mécaniques ou manuels, puis jette d'un air las :

– *Manuelle.*

Je tends la main vers la calculatrice qui occupe une place centrale sur mon bureau. Je l'ai choisie à ruban et croyez bien que si j'avais assez d'humour, j'aurais ajouté à ma panoplie un petit crayon de bois que j'aurais glissé derrière mon oreille. Je frappe plusieurs touches, le rouleau de papier se dévide, je l'arrache et le pose devant moi. Chez Dick Lapelouse – gros, demi-gros, détail –, pas de dématérialisation. On voit, on touche, on choisit.

– *Nous abordons maintenant la partie afférant à la date d'échange des consentements ici cités. L'accord des parties sera réputé parfait à la date d'encaissement du règlement, dans le ressort de compétence de l'établissement bancaire récipiendaire du règlement prévu aux présentes.*

– *Qu'est-ce que c'est que ces conneries ?*

– *Ça signifie, monsieur Blondel, que demain j'aurai encaissé le chèque de 127,90 euros que vous allez me signer, et qu'à cette date le contrat que nous passons actuellement ne pourra plus être annulé – en dehors de la clause de résiliation unilatérale dont je vais vous parler, s'entend. C'est plus clair comme ça ?*

– Oui.

– Néanmoins, par exception au précédent alinéa, le prestataire pourra résilier le présent contrat pour cas de force majeure ou vice caché concernant les qualités substantielles de la victime ou du commanditaire. En cas de résiliation du contrat du fait du client, le prestataire conservera le règlement à titre de clause pénale, sans préjudice de tous dommages dont il pourra demander l'indemnisation au client.

– Entendu.

– Vous êtes informé que, passé le délai des vingt-quatre heures, et suivant les dates et horaires de mise à disposition de la victime que vous venez de désigner, je pourrai intervenir au domicile de la personne désignée, à ma discrétion. Reconnaissez-vous être informé de cela ?

– Oui.

– Très bien. Vous êtes informé qu'aucune des parties ne pourra résilier le présent contrat ou solliciter sa suspension passé sa date de prise d'effet.

– C'te blague...

– Répondez par oui ou par non, je vous prie.

– Oui !

– Vous êtes informé que s'il arrivait d'une manière ou d'une autre que les forces de police remontent jusqu'ici la piste du présent contrat, vous seriez, en votre qualité de commanditaire, coauteur des faits ici

décrits et donc passible des mêmes faits de justice que moi.

– Oui.

– Je vous remercie, monsieur Blondel. Cet entretien touche à sa fin. Je vais vous demander maintenant de bien vouloir signer votre chèque. Je vous recontacterai jeudi afin que nous convenions du déroulement des opérations.

○ ***PAUSE***

8

Les frères Blondel

Blondel s'en va en produisant une somme impressionnante d'efforts pour maintenir ses épaules droites. Je coupe les enregistrements, les mets sous enveloppe, puis au coffre. Je demande ensuite à Camille d'aller déposer le chèque à l'agence voisine et je consulte mes comptes en ligne le lendemain pour en vérifier l'encaissement.

À midi, ce jeudi, je contacte Blondel afin qu'il me remette les clés de l'appartement du 46, rue du Pas-Saint-Georges. Je passe les deux jours suivants dans les parages de l'adresse, porteur de différents postiches capillaires. Une fois constaté que le domicile n'est pas surveillé par un quelconque bataillon des forces de l'ordre, j'attends la nuit suivante et, à deux heures du matin, j'enfile une paire de gants chirurgicaux, je pénètre tranquillement dans l'immeuble, puis je franchis la porte de Michel Blondel.

L'appartement sent le désinfectant hospitalier.

Flash-back immédiat : je me souviens de l'odeur de Mercryl qu'émettait la chemise de l'ex-flic. Je me déplace à l'aide d'une petite torche dont la portée est très faible et je trouve lentement mon chemin jusqu'à la chambre du frère. En poussant la porte, la première chose qui me saute aux yeux, c'est la multitude de points lumineux qui éclairent à eux seuls la quasi-totalité de l'espace. Ça et le bruit insistant d'une soufflerie alternative qui me rappelle les longues séquences sous-marines des films du commandant Cousteau. Je dirige ma torche vers le lit. Un homme est couché sur le dos et, pour ce que j'en aperçois, il est relié à trois ou quatre machines par une foule de tuyaux translucides. Michel Blondel est un subclaquant enraciné dans une chambre médicalisée du centre de Bordeaux. Mon enquête au cours des jours précédents ne m'a pas mené jusque-là. Je ne cherche pas plus loin et j'engage un demi-tour.

Dans le salon, une lampe s'allume. L'ex-lieutenant Blondel est assis, livide, sur un canapé aux accoudoirs limés jusqu'à la trame. Il tient, tout contre sa cuisse, un pistolet dont je n'arrive pas à identifier le modèle.

– Que faites-vous, monsieur Lapelouse ?

– Je romps le contrat.

– Vous ne pouvez pas, vous avez encaissé mon chèque.

– Comme je vous l'ai dit il y a six jours, il existe une clause de résiliation que j'utilise lorsqu'il apparaît que j'ai été trompé sur les termes de ma mission. Et dans la même clause il est expliqué qu'en cas de renoncement de ma part, je conserve le règlement.

– Et en quoi vous sentez-vous trompé ?

– D'un, je ne pratique pas l'euthanasie. De deux, je ne pratique jamais en présence du contractant. Je romps donc notre contrat. Au revoir, monsieur.

Grand classique de la scène de confrontation entre deux personnages retors dont l'un possède une arme d'avance, la culasse claque au moment où je m'éloigne, et on me demande de ne plus bouger.

– Sachez, monsieur Blondel, que je n'agis pas non plus sous la contrainte.

– Oui, eh bien il va falloir revoir vos principes, mon ami, parce qu'en l'occurrence, je me contrefous de faire usage de cette arme sur vous. Vous allez donc repartir dans la chambre de mon frère et faire ce pour quoi je vous ai payé.

– Certainement pas.

Je suis capable d'une grande opiniâtreté, ce qui, je le reconnais, peut plonger celui qui la subit dans une profonde frustration. Mais c'est comme ça : on ne me cornaque pas et certainement pas en m'alignant dans la mire d'une arme à feu.

– Monsieur Lapelouse, retournez dans cette chambre et allez étrangler mon frère.

– Non.

Blondel bondit du canapé et me saisit par la nuque. Je traverse l'appartement sans presque toucher terre, l'ensemble de mes muscles verrouillés. Je suis jeté à travers la chambre et Blondel pointe maintenant son arme sur moi d'un bras tremblant :

– Dépêche-toi !!!

– Je ne me dépêcherai pas et je ne tuerai pas cet homme. Vous pouvez me tutoyer et mettre autant de points d'exclamation que vous voulez, ça n'y changera rien.

Le canon du pistolet me gifle le gras de la joue et me déchausse une couronne que je manque d'avaler.

– Vous n'y arriverez pas comme ça, Blondel.

– Tue-moi cette saloperie qui bouffe mon existence depuis maintenant six mois et tu ne me verras plus !

– Si vous me forcez à tuer cet homme, je vous tue ensuite. Je connais votre adresse et je suis particulièrement rancunier. Je ne vous conseille pas…

C'est alors comme un soir de 14 Juillet quand, à force de vous rapprocher, vous vous retrouvez sur le pas de tir du feu d'artifice. Une grande lumière vous éblouit, en même temps qu'un bruit trop intense vous fait péter les tympans. Et vous finissez par terre en vous demandant ce qui vient de se passer.

Deux autres coups de feu suivent, puis, quelques secondes plus tard, un troisième. Je suis allongé sur le linoléum. Une des machines qui me surplombent émet désormais un sifflement continu qui se superpose à mon acouphène. De l'autre côté du lit, j'aperçois une partie du corps du lieutenant Blondel replié contre le mur.

Dans un premier temps, je me tâte. Je ne trouve rien sur le plat du ventre. Ma main glisse sur le côté droit et découvre le trou, encore insensible. Je me traîne jusqu'au montant de la porte et je cherche l'interrupteur le long du mur. À la lumière, j'observe mon sang.

Rouge.

Ça va. Je peux regarder. Je déboutonne ma chemise. La balle est entrée juste au-dessus de la hanche. Je passe ma main derrière. Second trou. Elle est ressortie. Je me lève et la brûlure commence. Lancinante pendant un trop court instant. Je m'en distrais en estimant les réactions du voisinage. Quatre coups de feu à deux heures du matin dans l'appartement du rez-de-chaussée, personne n'aura l'idée saugrenue de venir frapper à la porte pour réclamer le silence. Ils vont tous décrocher leur téléphone et prévenir la police. Il me reste entre cinq et huit minutes avant que ma situation ne devienne magistralement compliquée.

Michel Blondel a deux blessures au centre de la poitrine. Quant à son frère, il n'existe plus au-dessus de la mâchoire inférieure. Je reprends la position que j'occupais avant que ce type ne me tire dessus. Je pose un doigt à l'entrée de ma plaie et je tourne la tête. Un mètre derrière moi, j'aperçois l'impact dans le mur. Je file dans la salle de bain où je cueille une serviette dont je me ceins la taille afin de ne pas mettre du sang partout.

Dans la cuisine, je récupère un couteau et je reviens extraire du plâtre le projectile écrasé que je glisse dans ma poche revolver. Puis je pars à la recherche d'un seau et de produits d'entretien. Dans une remise, je trouve mon bonheur : quatre bouteilles de Destop et deux flacons de Canard WC antitartre. Je mélange les liquides dans le seau et je reviens dans la chambre. Là, je débranche un à un les appareils et j'inonde le sol de ma mixture qui lance des relents épouvantables à travers toute la pièce. J'arrose aussi le mur autour du trou, le dessus-de-lit du malade, et quand la dernière goutte s'échappe du récipient, je sors de là en rangeant mes gants dans ma poche de veste et en espérant n'avoir oublié aucune molécule de ma présence. Ce qui est, je le sais mieux que quiconque, parfaitement illusoire.

La rue n'est pas tout à fait déserte. En provenance des quais et de la place Pey-Berland, deux sirènes de police convergent. Je suis à deux rues de chez moi et la perruque rousse assortie d'un bouc et d'une moustache tiennent encore suffisamment la route pour que je fasse illusion jusqu'au prochain carrefour. J'enfile la rue Maucoudinat et me retrouve face à un couple très alcoolisé qui s'éloigne en me traitant, allez savoir pourquoi, de pédé.

À l'entrée de la rue des Bahutiers, je ne suis déjà plus personne, mon ventre n'est qu'une immense crampe et j'éclabousse mes chaussures d'une longue gerbe purificatrice au moment même où une voiture pie passe à côté de moi en hurlant. Je vomis encore deux fois. Je me redresse peut-être trop vite, des damiers noir et blanc envahissent mon champ de vision. Je me frotte les yeux, je les rouvre. Je ne vois plus de damiers, je vois juste très flou. Et dans ce flou, j'aperçois une silhouette qui court vers moi.

Mes genoux se ramollissent, je tente de me retenir à la poignée de la porte contre laquelle j'ai dégueulé, elle me glisse des doigts, et je pars en arrière. Je me prépare physiquement à la chute de mon corps sur le trottoir, mais ne la ressens pas. Je tombe dans ce qui ressemble à une solide paire de bras qui me soutient. C'est la dernière chose dont je me rends compte à peu près clairement.

9

Dionne… ?

Don't make me over
Now that I'd do anything for you
Don't make me over
Now that you know how I adore you…

« Qui chantait ça, déjà ? » est ma première pensée alors que je devrais plutôt me demander où je suis, voire qui je suis. Or, non. Je me souviens que j'ai ce disque sur une des étagères de ma bibliothèque, alors je cherche à le visualiser au milieu des autres parce qu'en général, quand j'ai une case vide, ça m'aide. Là, ça m'aide moyen, donc ça m'agace. À chaque fois que ce type d'amnésie très ciblée m'atteint, je m'agace. Ça me rappelle mon âge alors que je prétends ne pas vieillir.

D !

Ça y est, je sais, ça commence par un D !

D. D ! D !!! C'est quand même pas compliqué ! D comme ? Comme Diana Ross ! C'est ça, c'est Diana Ross… Non, c'est pas Diana Ross, j'ai pas de disque de Diana Ross. D comme ? Dino ! Dean Martin ! Non, c'est une femme qui chante, t'entends pas ou quoi ? Je suis pas loin. Diana, Dino, ma mémoire m'envoie un message et elle me dit que j'ai bon, que ça commence par Di. Je l'ai sur le bout de la langue. Faudrait que j'aille voir le bout de ma langue dans le miroir, si ça se trouve…

– C'est Dionne ! Ça y est, j'ai trouvé ! DIONNE !

– Bouge pas, Richard ! J'arrive tout de suite !

Dionne, ouais, t'es gentil, mais Dionne comment ? C'est quoi le nom ? Bouge-toi, Dick, tu le sais. La chanson s'appelle « Don't make me over », elle a été composée par Burt Bacharach en 1962 pour Dionne… Dionne… C'est pas vrai !

J'ouvre les yeux. Je reconnais ma chambre. Je reconnais l'odeur de mes draps que, comme tout homme pressé qui se respecte, je ne change pas assez souvent. Je reconnais la musique en sourdine dans mon salon, de l'autre côté du mur – *Don't pick on the things I say, the things I do…*

Je suis chez moi.

Il y a un instant, quelqu'un m'a parlé.

Ça venait de l'autre bout de l'appartement. Quelqu'un m'a dit : « J'arrive tout de suite. » Je me repasse la bande et je n'ai plus aucun doute : c'était la voix d'une femme. Le ton était doux, aimable. D'un coup, je suis saisi d'effroi. Je me redresse. On me traverse alors l'abdomen de part en part avec un truc métallique en fusion, je hurle et je me souviens qu'avant son

« J'arrive tout de suite », la femme de l'autre côté de l'appartement m'a dit : « Bouge pas, Richard ! »

– Je t'ai dit de pas bouger. T'as une blessure par balle au flanc droit, pauvre imbécile !

Je rouvre les yeux, très doucement. D'abord, je vois mes cils et, dans le flou derrière, une silhouette qui entre dans la chambre en me grondant. Je force mon cristallin à garder le point sur mes cils. Mon cerveau refuse l'ordre et je la vois.

Elle.

La blonde.

Là.

Dans ma chambre. En train de m'arriver dessus. Et puis qui s'assoit sur le rebord de mon lit. Son bras qui se tend, sa main qui me caresse les cheveux, sa tête qui se penche sur le côté, son sourire inquiet, sa bouche qui s'ouvre, sa voix bienveillante et un peu rauque :

– Ça va ?

Je suis pris d'une série de spasmes. Je panique. C'est n'importe quoi, je le sais : il y a une femme que je ne connais pas assise sur mon lit, qui me prodigue des gestes tendres, et ça me plonge en syncope ? Non mais qui voudrait d'un type comme moi ?

– Du calme, Richard. Du calme.

– Vous êtes qui ? Qu'est-ce que vous foutez chez moi ? D'où vous sortez ? Pourq…

Sa main quitte mes cheveux. Maintenant, elle pose un doigt sur mes lèvres. Et là, elle me dit :

– Tais-toi…

Je me tais. Elle se penche sur moi. Elle est trop près. Elle est beaucoup trop près. Elle appuie le bout de son nez sur le mien, j'ai ses pupilles à un centimètre des miennes quand elle me souffle :

– Alors comme ça, je m'appelle Dionne ? Oui, je sais, j'ai un peu forcé le destin, mais bon, si j'avais dû t'attendre, hein ? J'aime bien, Dionne.

Mon cœur bat à cent trente. Il va lâcher. Elle recule un peu son visage, pose une main sur ma poitrine, ses yeux suivent le mouvement et elle me dit d'un ton un peu plus affirmé :

– Tu aurais dû m'écouter hier quand je t'ai dit que ce type était un imposteur…

Noir.

10

Leçon de choses et considérations cinématographiques

Une demi-seconde après mon réveil, je cesse de respirer, mes yeux sont ouverts, mes pupilles au minimum de leur taille, tous mes muscles bandés et tous ces bouts de moi concentrés sur deux organes. D'abord, mes oreilles. Entendent-elles quelque chose ? Un bruit inhabituel ? Des pas ? Non, rien. L'attention se porte alors sur mon nez… Il ne sent rien non plus de particulier. Je me déverrouille, mais je reste méfiant. Je tourne la tête à droite, puis à gauche. Personne ne dort à côté de moi. En revanche, sur la table de nuit, il y a ma trousse de premiers secours, ouverte.

Je tire le drap d'un geste un peu trop brusque. Je grimace mais je constate : je suis nu et j'ai une bande Velpeau autour de l'abdomen. Sortis de la trousse de pharmacie, il y a des antibiotiques et des anti-inflammatoires, une bouteille d'eau posée à côté. Je palpe la bande Velpeau et je sens, de part et d'autre de la blessure, deux petits renflements. Je me lève avec la plus grande précaution. Je traverse mon salon, je vais dans la cuisine, je passe dans la salle de bain, je soulève la cuvette des chiottes, je reviens dans le salon et je récapitule : au salon, un disque de Dionne Warwick dans le lecteur CD ; dans la cuisine, une casserole remplie d'un mélange de pain et de lait qui a bouilli ; dans la salle de bain, du sang, des ciseaux, un rouleau dévidé de bande Velpeau ; dans les chiottes, la faïence est mouchetée de dégueuli.

Le scénario est donc très simple et très rassurant : au sortir de chez les Blondel, j'ai réussi à atteindre mon appartement, j'ai sorti la boîte à pharmacie, trouvé l'antibiotique ad hoc, les anti-inflammatoires idoines, que j'ai avalés en suivant la posologie précise laissée il y a quelques années par le toubib personnel de M. Paoletto qui en avait ras le masque de passer toutes les semaines par la propriété niçoise pour recoudre nos plaies, puis je me suis correctement désinfecté, j'ai mélangé du pain dur avec un peu de lait bouilli jusqu'à obtenir une pâte onctueuse que j'ai appliquée en cataplasme sur mes trous, et j'ai enrubanné ça avec de la bande Velpeau – une vieille recette issue du savoir ancestral de Barzotti. Voilà. La blonde, c'est la conséquence d'un délire post-traumatique, ça arrive. Ok, tout va bien. Maintenant, il faut que je disparaisse quelques jours pour laisser les frères Blondel et le mystère de leur mort violente infuser dans le grand lac des faits divers. Et avec d'autant plus d'urgence qu'en cette bonne ville de Bordeaux, il ne se passe jamais rien de sanglant.

Je regarde l'heure : 7 h 30. Je fais mes bagages – un sac de caleçons, de T-shirts et de shorts, mon MacBook et un disque dur bourré de films. Je me lave avec un sac poubelle autour du ventre, je refais mes pansements, mon cataplasme et je descends prendre un taxi sur les quais. Ça tire un peu, mais je viens d'avaler une quantité déraisonnable de cachetons, donc ça va passer.

Arrivé sur le parvis de la gare moins de cinq minutes plus tard, j'ai le malheur de demander au chauffeur combien je lui dois pour la course.

– Dix euros.

Dans un premier temps, ça ne m'inquiète pas le moins du monde parce que j'ai d'autres soucis. En attrapant mon portefeuille dans la poche intérieure de ma veste, je jette machinalement un œil au compteur qui affiche 5,80 euros. Et je suspends mon geste.

– C'est pas ce que dit votre compteur, monsieur.

– Peut-être, mais la course minimum à Bordeaux, c'est 10 euros. J'y peux rien, c'est comme ça.

Je pourrais en rester là, c'est d'ailleurs tout ce que réclame mon corps. Mais je préfère regarder autour de moi et demander :

– Ah ! Et c'est marqué où cette histoire de course minimum ?

– Vous êtes pas de Bordeaux ?

– Je vois pas le rapport.

– Tout le monde sait qu'ici, le prix d'une course c'est minimum…

– Ben visiblement, je suis pas tout le monde. Je suis là, tout seul dans votre taxi où rien ne me dit que la course minimum à Bordeaux c'est 10 euros.

Le chauffeur pousse un soupir et décroche le micro de sa radio pour lancer un appel à toutes les unités :

– Est-ce que quelqu'un pourrait me donner le tarif minimum d'une course, s'il vous plaît ? J'ai un problème avec un client...

En attendant la réponse, le type me lance dans son rétroviseur un regard éprouvé par des années de querelles commerciales. Enfin, une voix crachote :

– Ouais, ben c'est 10 euros.

– Merci.

Il raccroche son micro sans me quitter des yeux.

– Voilà.

– Voilà quoi ? Vous avez un compteur qui affiche 5,80 euros, ce qui est déjà bien suffisant pour deux kilomètres de course.

Je sors mon portefeuille en espérant au moins que j'ai la monnaie. Deux billets de 5, une pièce de 1. Lapelouse, jamais battu. Je lui tends la somme indiquée par son compteur. Il la toise avec dégoût.

– Non mais attendez, vous vous prenez pour qui, monsieur ? Je suis honnête, moi. Si vous avez pas les moyens, faut prendre le tram...

Je chope le chauffeur par les cheveux et je lui écrase le coin du visage contre l'accoudoir. Ma blessure me gueule d'arrêter de faire le malin, mais je m'en fous. De ma main libre, je fourre mon argent dans la bouche du taxi et, en me penchant un peu, je murmure :

– Si toi et tes collègues vous estimez que vos conditions de travail justifient l'escroquerie en bande organisée de la clientèle, il faut vous attendre un jour ou l'autre à tomber sur un type dans mon genre. Normalement, ça n'arrive qu'une fois dans une vie. Et t'as du bol, ton tour est en train de passer. Je te conseille donc d'en parler à tes potes. T'es pas content de ta situation, mon ami ? Fais la révolution.

Je relâche la pression. Le type se redresse comme un ressort boudin, crache le billet et les pièces en me regardant dans le rétroviseur d'un œil clignotant. Je sors avec l'envie de lui découper ses pneus, mais je m'éloigne avant de faire pire.

Sur le tableau d'affichage, le premier train à quitter Bordeaux-Saint-Jean est à destination d'Arcachon. Je prends mon billet à la borne et je monte à bord. N'ayant qu'en de trop rares occasions expérimenté cette zone du département et me sentant tout à fait en état de produire d'autres gestes inconsidérés, à l'arrivée j'opte pour un nouveau taxi à qui je demande, dans l'ordre, le prix minimal d'une course, puis qu'il me conduise à l'hôtel le plus tranquille et le plus confortable qu'il connaisse. À 10 h 33, je m'endors dans des draps frais, climatisation sur 15, baie vitrée sur le bassin, nu sur mon lit comme la page de juin d'un calendrier pour septuagénaires.

S'il m'arrive parfois d'aller m'égarer les synapses devant un film d'action, je ne porte pas à ce genre une grande passion. Ça me rappelle le boulot. Et puis je crains toujours que ça ne déforme ma perception des choses.

Prenez un type comme Bruce Willis et vous comprendrez ce que je veux dire. Combien de balles ce type a-t-il ramassées depuis le début de sa carrière ? Seuls les techniciens des effets spéciaux qui l'ont suivi sur les plateaux – et, bien entendu, une cargaison très sélective de ses fans – sont capables de donner une fourchette. Combien de fois l'avez-vous vu se faire une trachéotomie à l'aide d'un stylo Bic ou s'extraire un projectile de la cuisse avec une pince à ongles ? Des tas. Combien de fois est-il mort ? Rarement. Je ne vous parle même pas de James Bond dont le succès rémunère à millions des armées de scénaristes qui n'ont jamais conduit une Porsche dans des conditions extrêmes et ne connaissent rien au recul que produit un RPG-7 au moment où l'on presse la queue de détente.

Quand on exerce un métier comme le mien, on ne va pas voir ce genre de film, ou alors pour rire – j'avoue ne pas cracher sur le monolithique Steven Seagal que deux décennies de frasques gymniques ont rendu tellement raide qu'il ne peut désormais plus combattre le crime international que dans le strict cadre de productions télévisuelles médiocres. Si vous avez vu plus de deux films de John McTiernan, je vous déconseille vivement de vous servir d'un couteau pour tuer qui que ce soit, même une petite vieille arthritique. Parce qu'une fois sur deux, vous allez casser la lame, vous ouvrir la main, et vous avez toutes les chances du monde de tomber sur un avocat commis d'office qui aura trop regardé *Ally McBeal*. Dispensez-vous par ailleurs de vous soigner une perforation à la 9 mm parabellum du triangle fémoral en vous bourrant la plaie avec la poudre d'une cartouche et d'y mettre le feu. Ça ne vous désinfectera pas. Ça provoquera juste une gerbe de feu, qui occasionnera une brûlure au troisième degré des testicules, suivie d'une septicémie critique, celle-ci nécessitant, au mieux, une amputation intégrale du membre inférieur blessé. Non, tout à fait sérieusement, je dissuade quiconque, même le petit voyou de cité, de visionner ce cinéma au-delà d'une dose maximale de quatre-vingt-dix minutes par an. Regardez ce que déclenche aujourd'hui encore le *Scarface* de Brian De Palma sur une foule inquiétante d'adolescents désœuvrés. Et je ne vous parle pas de ces chefs-d'œuvre qui offrent à l'imagination appauvrie l'illusion que le corps humain est capable d'éviter le tir nourri d'une mitrailleuse lourde.

Oh, bien entendu, les effets potentiellement dévastateurs de ces spectacles ne touchent qu'un nombre réduit de personnes sur la totalité du globe, mais il faut bien se dire une chose : dans mon métier, comme dans toute profession qui utilise des outils de travail très encadrés par le code pénal, sur le terrain, le souvenir de ces séquences peut vite monter à la tête. J'ai vu des collègues marcher vers l'ennemi avec l'impression majestueuse qu'ils étaient invincibles parce que les deux Glock qui crachaient le feu au bout de leurs bras les mettaient à couvert de la riposte. Ceux-là progressaient rarement au-delà d'une demi-douzaine de pas. Et la plupart du temps, une seule balle suffisait à stopper net leur carrière. Inutile donc d'en rajouter en s'intoxiquant le ciboulot avec des blockbusters aux effets cathartiques douteux.

Moi, ce que j'aime, ce sont les films avec George Clooney parce que je suis une midinette introvertie qui a besoin de s'identifier à un bel homme pour oublier un physique un peu dépassé. Comme j'ai aimé Steve McQueen, Alain Delon et Robert De Niro quand ils acceptaient de mourir à la fin. Mais vous ne me ferez jamais autant plaisir qu'en me posant devant *Voyage à deux*, *Charade* ou *Arabesque* de Donen, les trois *Il était une fois* de Leone, l'intégrale des comédies de Blake Edwards, *Un, deux, trois* de Wilder, les vingt glorieuses de Bertrand Blier, *Fargo* des Coen, quelques bijoux de la Nouvelle Vague tels que *Les Mistons* de Truffaut ou *Le Beau Serge* de Chabrol, la surprenante scène du festival de jazz de Carmel dans *Play Misty for Me* d'Eastwood. Vous m'achèveriez sans doute en me proposant *Le Sens de la vie* des Monty Python et vous deviendriez mon meilleur ami si vous aviez en plus *Le Mécano de la Générale* de Keaton.

Mais je n'ai pas de meilleur ami, je ne me drogue pas durement aux films d'action et j'ai une blessure par balle dans le gras du bide avec laquelle on ne discute pas. Je passe donc une semaine entre la terrasse de ma chambre et mon lit sur lequel je visionne à un rythme effréné une bonne cinquantaine de chefs-d'œuvre. Je perds quatre kilos, me nourris exclusivement de clubsandwichs que je commande au room service et n'appelle Camille qu'à la veille de mon départ.

– Mais enfin, vous étiez passé où !? J'arrive pas à prendre le moindre rendez-vous depuis cinq jours parce que je ne sais pas où vous trouver ! Vous ne répondez même plus sur votre portable ! Vous vous rendez compte ?

Je me rends surtout compte qu'une secrétaire c'est une chose, moche c'en est une autre, mais attachée à son employeur au point de lui beugler des remontrances dans le cornet, c'est à considérer avec calme et détachement.

– J'ai eu un malaise cardiaque, Camille. Je suis sorti du coma ce matin…

– Oh, mon Dieu, pardonnez-moi ! Vous allez bien ?

– Mieux.

– Dans quel hôpital êtes-vous ?

– Dunkerque.

– Quoi ? ! Qu'est-ce que vous faites à Dunkerque ?

– Bon, c'est fini l'interrogatoire ? Quelles sont les nouvelles ?

– On a eu du monde, surtout ces deux derniers jours. Je leur ai tous demandé de repasser la semaine prochaine.

– Rien d'autre ?

– Non.

– Rien d'anormal ?

– Ben ça dépend.

– Ça dépend de quoi, Camille ? On m'a fait un quadruple pontage, faudrait voir à me ménager.

– Ça dépend de ce que vous appelez *anormal*, monsieur Lapelouse. Vu votre métier, tous les gens qui viennent vous voir, je les trouve anormaux…

– Camille…

– Quand est-ce que vous rentrez ?

Sud-Ouest Bordeaux – 07/06/2013

UN MEURTRE ET UN SUICIDE RUE DU PAS-SAINT-GEORGES

Prévenus par des voisins qui avaient entendu des coups de feu dans leur immeuble, les policiers de la PJ ont découvert, dans la nuit de samedi à dimanche, dans un appartement de la rue du Pas-Saint-Georges, les corps de deux hommes tués par balles. Les premières constatations ont permis d'établir que l'une des deux victimes était l'auteur des tirs.

Cet homme, Bernard B., était un ancien lieutenant de la brigade anticriminalité de Bordeaux. Voilà trois mois, suite à une profonde dépression, il avait donné sa démission. Il s'occupait de son frère, Michel B., plongé dans le coma à la suite d'un accident de la route, qu'il avait fait rapatrier dans l'appartement de ce dernier. C'est dans cette chambre médicalisée que les faits se sont produits. D'après les premiers éléments de l'enquête, Bernard B. aurait tué son frère de deux balles dans la poitrine avant de se donner la mort.

Sud-Ouest Bordeaux – 09/06/2013

MEURTRE ET SUICIDE DE LA RUE DU PAS-SAINT-GEORGES : UN TROISIÈME HOMME

Les enquêteurs de la Police judiciaire de Bordeaux ont mis au jour une nouvelle piste dans le meurtre et le suicide survenus dans la nuit de samedi à dimanche dernier, rue du Pas-Saint-Georges, à Bordeaux. La brigade scientifique a en effet trouvé, dans l'appartement, plusieurs signes indiquant qu'une troisième personne aurait été présente sur les lieux au moment des faits. Un impact de balle dans le mur de la chambre et plusieurs litres d'un produit acide déversés sur le sol laissent à penser qu'un individu a pu être sinon acteur, du moins témoin de la scène et qu'il a fait en sorte d'effacer toutes traces de son passage. L'action des produits chimiques n'a pour l'heure permis aucun relevé d'ADN. Néanmoins, aux dires d'une source proche de l'enquête, des éléments tendent à prouver que cet individu a été blessé au cours de la fusillade.

Sud-Ouest Bordeaux – 11/06/2013

FUSILLADE DE LA RUE DU PAS-SAINT-GEORGES : UN INDIVIDU RECHERCHÉ

Dans le cadre de l'enquête sur le meurtre et le suicide de deux frères, survenu le week-end dernier rue du Pas-Saint-Georges à Bordeaux, Claude André, préfet de la Gironde, a tenu ce vendredi un point presse à la préfecture. Il a précisé qu'il n'y avait désormais plus aucun doute sur le scénario de ce terrible drame : Bernard B. a bien assassiné son frère Michel avant de se donner la mort. Reste désormais la question du troisième individu présent à l'heure des faits dans l'appartement. Cette thèse est aujourd'hui largement étayée par les témoignages d'une demi-douzaine de personnes présentes ce soir-là, à deux heures du matin, dans le voisinage de l'appartement. Ces témoignages se recoupant, il a été possible de déterminer qu'il s'agissait d'un homme mesurant entre un mètre soixante-quinze et un mètre quatre-vingts, âgé d'une quarantaine d'années, roux, portant un bouc et une moustache. Claude André a annoncé que désormais, l'enquête allait se focaliser sur cet individu et qu'un portrait-robot était en cours d'élaboration.

Sud-Ouest Bordeaux – 12/06/2013

TUERIE DE LA RUE DU PAS-SAINT-GEORGES : UN PORTRAIT-ROBOT INEXPLOITABLE

Lors de sa conférence de presse, ce vendredi 10 juin, le préfet de la Gironde, Claude André, annonçait que le portrait-robot d'un troisième homme présent dans l'appartement des frères B. le soir de leur mort était en cours d'élaboration. Aujourd'hui, selon une source proche de l'enquête, il apparaît que ce portrait-robot est inexploitable.

« Un portrait-robot est déjà très difficile à réaliser lorsque l'on a un seul témoin oculaire, explique l'un des policiers qui a procédé aux dépositions des principaux témoins. Ce type de procédure se faisant obligatoirement à chaud, les témoins restent souvent sous le coup de l'émotion et il est très difficile d'arriver à un résultat conforme. Là, nous n'avons pas moins de six témoins, qui ne se connaissent pas les uns les autres et qui se trouvaient à différents endroits de la rue au moment où cet homme a pris la fuite. Seuls deux d'entre eux l'ont croisé à une distance de deux ou trois mètres. Même chez ces personnes, les témoignages divergent. »

D. Lapelouse
Séance n° 30 du 14/06/13

Dick Lapelouse : De toute façon, la presse ne répète jamais que ce qu'on veut bien lui faire dire. Et pour ce que j'en sais, *Sud-Ouest* n'est pas réputé pour la qualité frondeuse de ses journalistes d'investigation – si tant est qu'il y en ait dans leur rédaction.

Dr Braun : Très bien. Et alors ?

D. L. : Et alors ? Alors, je suis normalement d'une discrétion de plume. On me paye pour ça. Je suis censé être un courant d'air qui ne prend aucun risque et dans le genre, je suis plutôt ceinture et bretelles. Jusqu'ici, personne n'a eu à s'en plaindre. J'assassine en discount certes, mais je fais très attention à ma clientèle. Ma tâche est guidée par une sorte d'idéal.

Dr B. : Tu pourrais me définir cet idéal ?

D. L. : Je veux que tout le monde accède au confort d'une vie tranquille. Et crois-moi, je me donne beaucoup de mal et j'y consacre énormément de temps.

Dr B. : Alors qu'est-ce qui te met en rogne comme ça ?

D. L. : Blondel m'a roulé, je l'ai senti venir et j'ai laissé faire.

Dr B. : Pourquoi ?

D. L. : J'en sais foutrement rien. Ce type ne m'inspirait aucune confiance et je le savais. C'est ça qui me met dans une colère noire. J'ai laissé filer. J'ai fait ça à l'instinct alors que je sais très bien que c'est contre-productif.

Dr B. : C'est donc contre toi-même que tu es en colère.

D. L. : Évidemment que c'est contre moi. Je ne sais pas ce qui m'a pris. Habituellement, je ne baisse jamais la garde. Pendant toute la semaine je me suis demandé si je traversais pas un passage à vide.

Dr B. : Et ?

D. L. : Ben, je sais pas. En toute logique, non.

Dr B. : Peut-être que tu t'ennuies.

D. L. : Comment je pourrais m'ennuyer avec le boulot que je fais ? C'est jamais la même chose. Si j'ai créé ce foutu catalogue, c'est non seulement pour ne pas signer mes crimes par un quelconque modus operandi, mais aussi pour ne pas avoir à gérer le manque d'imagination des gens.

Dr B. : Explique-moi ça.

D. L. : Si je te propose de tuer ton pire ennemi, tu t'attends à ce que je m'y prenne comment ?

Dr B. :…

D. L. : Qu'est-ce que t'as, tu dors ou quoi ?

Dr B. : Je t'avouerais que je n'y ai jamais réfléchi.

D. L. : Le premier truc qui te passe par la tête.

Dr B. : J'en sais rien, moi… Un coup de revolver.

D. L. : Tu vois ?

Dr B. : Non, je ne vois pas.

D. L. : Je m'explique : en me désignant une arme à feu, tu me signifies que ta cible ne t'a finalement pas fait assez de mal pour que tu veuilles la faire souffrir. Si je laissais mes clients m'imposer leurs méthodes, je pourrais les classer en trois catégories. D'abord les types dans ton genre. Pas vraiment certains de leur coup, hésitants, et qui voient peut-être un peu trop de films où ça se règle à la pétoire. Eux choisissent l'arme à feu. C'est distant, froid, rapide – j'ai même tendance à dire que c'est une arme de droite. Ils s'imaginent toujours que je vais faire ça sans sortir de ma bagnole, au coin d'une rue, que la victime va tomber au sol et l'affaire sera dans le sac. Les gens qui ont souffert d'un harcèlement moral, qui ont vu la saloperie dans le regard de leurs bourreaux sont beaucoup plus cagnasses. Pour ceux-là, à 90 % du temps c'est la strangulation. Ils en seraient incapables, mais quand ils y songent, c'est comme ça qu'ils s'y prendraient. Juste pour voir la merde s'éteindre dans les yeux de l'autre et sentir dans leurs mains la vie qui s'échappe lentement. Pour eux, c'est le contact qui est important, même si ce contact, c'est moi qui le vis. Les derniers, c'est ceux qui ont souffert dans leur chair. Là, tu trouves de tout : de l'enfant violé à la femme battue en passant par toute une tripotée d'accidentés de la vie. Une misère humaine marquée au fer. La première idée qui leur vient, c'est le couteau : saigner l'autre, l'éviscérer, lui trancher la gorge, s'acharner dans la haine jusqu'à se sentir mieux, ou en tout cas vidés. Entre ces trois groupes, il y a une infinité de cas. Mon catalogue est là pour que ces personnes prennent le temps, non pas de mûrir et de fantasmer leur revanche, mais de bien comprendre que ce qu'ils me commandent de faire n'est pas abstrait. Il y a un million de manières de mourir et chacune correspond à un moment. Je ne veux pas que mes clients se trompent sur ce qu'ils désirent vraiment parce que je ne veux pas me tromper non plus. Dans l'idée, le fait de me demander de flinguer, d'étrangler ou de poignarder quelqu'un c'est presque aussi simple que d'aller au rayon des plats surgelés d'Auchan parce qu'on n'a pas envie de préparer le repas du soir. Dans les faits, c'est tout autre chose. Et je tiens à ce que ça reste comme ça.

Dr B. : Excuse-moi mais, que je sache, tu as monté une société dont le but est, précisément, de tuer par procuration, donc, pour le client, de se délester au moins du poids de la culpabilité que provoque l'acte de tuer. Ce qui fait de toi un simple prestataire de service.

D. L. : C'est justement pour ça que je tiens à ce qu'ils regardent mon catalogue. C'est ma petite lucarne et je l'ouvre pour qu'ils aient un aperçu concret de ce qui va advenir s'ils me commandent un assassinat. Quand tu lis la page 134 – où j'explique que non seulement je vais planter un piolet de montagne dans la tête d'un papa gâteau, mais qu'en plus je vais l'attacher par les pieds pour que sa cervelle et ses cinq litres de sang se répandent sur le beau tapis d'importation pakistanaise offert pour la fête des Pères –, là t'es plus au rayon surgelés. T'es à ta place de commanditaire et il va falloir que tu juges du bien-fondé de ta haine pour passer commande ou te barrer comme t'es venu. Regarde ce qui s'est passé au mois d'avril. Un immeuble s'effondre au Bangladesh. Un millier de victimes. Ces gens étaient entassés sur je sais pas combien de niveaux, arrimés à leurs machines à coudre, sous-payés, pour confectionner des fringues à bas coût qui viennent inonder le marché occidental. Quelle a été la réaction ? Choquée, la foule lambda s'est brusquement réveillée et elle s'est mise à regarder les étiquettes avec suspicion. *Made in Bangladesh*, *China*, *India* ou *Thailand* sont soudain devenus les symboles de l'horreur mondialisée alors que cette exploitation des pauvres pour les pauvres dure depuis des décennies. Mais deux mois plus tard, qu'est-ce qu'il en reste ? On se remet à faire la queue aux caisses d'H&M et à remplir nos paniers de T-shirts à 4,99 euros. La foule lambda a remis le Bangladesh là où il se trouve, c'est-à-dire à huit mille kilomètres de ses préoccupations quotidiennes, jusqu'à la prochaine catastrophe où à nouveau tout le monde ira s'ébaubir. Si j'étais le prestataire de service dont tu parles, j'agirais comme n'importe quelle chef de rayon de chez Etam : le client pose pas de question sur la provenance du produit, je ne vais surtout pas l'effrayer en la lui précisant. Moi, mes clients savent ce que je vais faire pour eux, comment je vais le faire et ce que ça implique. Ça ne peut pas se passer autrement.

Dr B. : Tu crois vraiment que ça les déleste du poids qu'ils portent ?

D. L. : Non, et je m'en fous. Ce n'est pas mon problème – et dis-toi bien que pourtant, je pars du principe que la plupart de ces gens seraient incapables de tuer un lapin, même si leur survie en dépendait. Mais à chaque fois que quelqu'un entre dans mon bureau, j'espère qu'il ne franchira pas l'étape du catalogue.

Dr B. : Ça arrive ?

D. L. : Souvent. En général, ils referment le livre et me demande un truc du genre : « Ça ne serait pas plus simple de faire ça avec un flingue ? » Alors je réponds que je ne me sers jamais d'un flingue. Je leur explique qu'un meurtre ne se commet jamais à distance. Je leur explique que tuer quelqu'un – pour quelque raison que ce soit –, c'est se coltiner un contact physique abject. Au moment où on tue un homme, quand la lame entre dans l'intestin, quand le sang se met à gicler, quand ça commence à sentir la merde, la pisse et tout un tas de trucs pas vraiment supportables, ce n'est jamais la méchanceté qu'on voit s'éteindre dans les yeux de l'autre. Jamais. On voit juste la peur. L'effroi. La terrible compréhension que là, à cet instant, tout est terminé. Quoi qu'ait pu faire ce type de sa vie, quelles que soient les tortures physiques ou psychologiques qu'il ait infligées, quel que soit le monstre qu'il ait pu être, au bout du couteau, dans le frémissement que l'on ressent quand la lame ripe sur l'os, on a un homme, c'est-à-dire un semblable, quelqu'un qui comme chacun de nous a commis sa part d'erreurs. Ce qui nous différencie soi-disant de l'animal, c'est notre capacité à l'empathie. Eh bien c'est exactement ce que je vis quand je tue quelqu'un qui ne m'a rien fait. De l'empathie. Je m'en cache beaucoup, je l'enfouis très profondément, je prends beaucoup de distance, je me dis que j'agis pour le bien public, je peux entasser autant de philosophie que je veux pour justifier ma tâche, mais je n'oublie jamais que, face à moi, j'ai un être humain qui est en train de disparaître. Et je refuse d'être le seul à porter cette charge. Donc je n'encourage pas mon client, je ne vends pas ma camelote. Non. Je lui passe mon catalogue et je lui dis : « Vas-y, choisis comment ça doit se faire. » Et s'il décide qu'on doit aller jusqu'au bout, je ne me galvanise jamais de son discours vengeur pour me donner du cœur à l'ouvrage. Ce n'est pas mon affaire.

Dr B. : Peut-être que tu as besoin de faire autre chose, Dick, tu ne crois pas ?

D. L. : Pourquoi ?

Dr B. : Parce que, toute proportion gardée, tu es une espèce de créateur. Que, comme tous les créateurs, tu te confrontes aux goûts des autres et que, de toute évidence, ces goûts ne te conviennent pas. Qu'est-ce que tu peux faire contre le choix d'un client ? Franchement ? Que tu mettes en scène leur meurtre par procuration ou que tu abattes la cible froidement, *à distance* comme tu dis, ça va changer quoi pour eux ?

D. L. : Je ne veux pas être un tueur à gages que l'on rencontre dans une arrière-salle de café et dont on attend le coup de fil sitôt la mission accomplie.

Dr B. : Mais tu es un tueur à gages, Dick ! Ça n'est pas parce que tu te donnes du mal pour apporter de la valeur ajoutée à ton travail et que tu as cette vision sociale de ton activité que ça fait de toi quelqu'un de bien.

D. L. : Oh là ! Je ne prétends nullement être quelqu'un de bien. Attention. Je ne veux juste pas être considéré comme une femme de ménage.

Dr B. : Tu veux pas arrêter de te planquer derrière des métaphores ? La chef de rayon, maintenant la femme de ménage. Tu noteras au passage qu'à chaque fois, c'est derrière une femme que tu te dissimules.

D. L. : Mais je me dissimule pas. J'essaie juste de mettre des mots sur mon cas. Quant aux femmes, si tu permets, on en reparlera une autre fois.

Dr B. : Bien. Je t'écoute. Une femme de ménage donc…

D. L. : Oui. D'hôtel. Et l'image me paraît tout à fait parlante. Tu vas à l'hôtel, tu prends une chambre, tu sors faire la fête et tu rentres bourré, avec une nana, à pas d'heure. Tu baises, tu t'essuies la bite dans toutes les serviettes qu'on met à ta disposition, tu vides le minibar, tu balances les mignonettes un peu partout, t'écrases tes clopes sur la table de nuit et, au petit matin, tu dégueules à moitié à côté des chiottes. Tu te conduirais comme ça dans ta propre maison ? Évidemment pas. Sauf que là, tu sais que l'établissement rétribue une armée de Congolaises qui vont passer après toi pour nettoyer toute cette merde que tu as laissée. Est-ce que tu te soucies de savoir ce que ces femmes vont ressentir en découvrant tes saloperies ? Non. Ce n'est plus ton problème. Tu as payé pour un service et dans ta conception de ce service, tu inclus la possibilité de te conduire comme un porc et de ne pas te soucier de ceux qui nettoieront derrière toi. Moi, je refuse que mon affaire soit considérée comme n'importe quelle société du secteur tertiaire.

Dr B. : Est-ce que je peux te poser une question un peu… délicate ?

D. L. : Si tu me défalques 20 euros de la consultation, oui.

Dr B. : Que dalle.

D. L. : Alors, je t'écoute.

Dr B. : Est-ce que tu es pour la peine de mort ?

D. L. : Ah, ça y est, nous y voilà. Tu sais quoi ? T'as mis dans le mille, Braun. Je n'aime pas cette question et je déteste me la poser. Depuis le temps qu'elle me hante, j'ai fini par trouver une réponse parabolique – encore une, tu me diras – qui m'a sorti pas mal de fois de l'ornière idéologique que constitue ma profession. T'es prêt ?

Dr B. : Han han ?

D. L. : J'ai vu un reportage un jour. Ça se passait au Texas. Dans une famille monoparentale. Une mère et ses deux filles de seize et vingt-trois ans. Celle de vingt-trois ans se fait assassiner par un psychopathe. Meurtre horrible, du sang partout, de la tripe à l'air et tout le toutim. La mère et la sœur sont inconsolables, traumatisées, dépression au dernier degré, tu vois le tableau. On arrête le type et on le juge. Tout au long du procès, la mère et la sœur sont présentes aux audiences. Lorsque le type est condamné à mort par injection létale, elles n'en peuvent plus de joie. De la joie, tu entends bien ? Je ne sais pas comment c'est dans les autres États, mais à Huntsville, ils ont un programme spécial qui permet aux familles des victimes d'assister à la mise à mort. Ils appellent ça du *soutien psychologique*. À la sortie de l'audience, la mère et sa fille de seize ans sont interviewées sur ce point : elles ont accepté d'être présentes le jour de l'exécution. Et elles sont ravies. On sent bouillir en elles l'instinct de vengeance. La veille de l'exécution, on les prévient. Ces deux femmes passent alors un temps infini à se préparer. C'est un peu comme si elles allaient au théâtre. Elles sont surexcitées. Il y a maintenant deux ans que l'assassin de leur fille et sœur est dans le couloir de la mort, mais la joie qui les anime de voir ce type disparaître ne s'est pas du tout amenuisée. La police fédérale vient les chercher chez elles et on les emmène à la prison. Là, on les conduit dans la salle d'exécution et, depuis un petit box vitré, elles assistent à l'arrivée du détenu dans sa combinaison orange. On leur a tout expliqué. Il va préalablement subir une injection de thiopental sodique qui va l'endormir, puis on procédera à une seconde injection, du bromure de pancuronium qui paralysera ses muscles afin que le corps réagisse dignement – *dignement* : les mots sont importants – à la troisième injection, celle-ci définitive : le chlorure de potassium. Le tout prend sept minutes. Le reportage ne montre évidemment pas l'exécution, mais le journaliste attend les deux femmes à leur sortie. Lorsqu'elles arrivent, la joie est retombée, laissant place à une profonde frustration. Et c'est la mère qui exprime le mieux sa peine : cet assassin qui avait massacré sa belle petite enfant, celle qu'elle avait portée pendant neuf mois et éduquée jusqu'à sa mort ignoble, cet homme est mort dans son sommeil. Dignement. Elle aurait tellement voulu qu'il souffre autant qu'il avait fait souffrir sa fille. Les larmes reviennent, les deux femmes sont tristes, effondrées, et il n'y a rien à faire de tout ça. Alors non, je ne suis pas pour la peine de mort et je ne traite que rarement les cas de vengeance criminelle. Je n'irais jamais tuer un assassin d'enfant qui a échappé à la justice ou qui a bénéficié d'une remise de peine. Ce n'est pas ça mon métier, Braun. Mon métier, c'est de supprimer des salopards à qui la justice ne s'intéresse pas et qui salissent et oppriment des vies entières. Mais sur demande des plaignants uniquement, parce que je ne combats pas le crime. Qu'est-ce que je peux faire de mieux ? Louer les services d'une plateforme téléphonique pour faire des stats auprès de ma clientèle et savoir si, une fois libérée de son poids, elle vit mieux ?

Dr B. : On va s'arrêter là pour aujourd'hui. Un conseil avant de partir : tu devrais considérer les bienfaits d'une petite pause. Un voyage, pourquoi pas. De quoi prendre un peu de distance.

D. L. : C'est ça ! Pour me faire ratatiner par Camille ?

Dr B. : Tu t'attaches ?

D. L. : Non, c'est elle qui joue les mères poules. Je lui ai rien demandé.

Dr B. : Si ! D'être ta secrétaire. Et dans le mot *secrétaire*, comme tu l'auras noté, il y a *secret* et *taire*.

D. L. : Pfff ! Pas un peu tiré par les cheveux, ton truc, là ? Allez, dionne-moi une bière, parce que là, vraiment…

Dr B. : Dionne ?

D. L. : Hein ?

Dr B. : T'as dit : « Dionne-moi une bière. »

D. L. : Ah ! J'ai dit ça ? Ouais, bon, et alors ? J'ai fourché, c'est normal, dans ma phrase y a deux diphtongues en *yeu*. Ça arrive.

Dr B. : Oui, ça arrive, mais en général, on inverse les sons : « Dionne-moi une bère » par exemple. C'est pas ce que t'as dit, donc c'est pas une inversion, c'est un lapsus. Tu contrôles beaucoup de choses en toi, Dick, et notamment ta manière de parler. Chez toi, les lapsus sont une denrée extrêmement rare. Alors celui-là, je le note. Et tu peux te lever de bonne heure pour lui trouver une explication sensée.

D. L. : Fastoche : sur mon clavier, la touche du *i* est juste à côté de celle du *o*. J'ai dû taper de travers.

Dr B. : Pas recevable. On en reparle vendredi prochain. De Dionne. Tu ne mets pas d'ordre sur ton chèque, s'il te plaît.

Niveau -2

CARLOS LLANOS

11

Le « ça » de M. Llanos

– Voilà... Il s'agit de mon père, monsieur Lapelouse...

Cette phrase sitôt prononcée, le type se tait comme si c'était à moi de compléter. Moi, je pense à Braun. Ici, quand on vient parler de son père, c'est qu'en général on veut s'en débarrasser de manière définitive. Chez Braun, sur cette même notion, on s'en tient aux symboles. Sous peu, boulevard Wilson, lui et moi allons monter une joint-venture. Braun traitera le patient et si jamais l'orthopédie thérapeutique échoue, il lui dressera une sorte d'ordonnance qui enverra le malheureux deux portes plus loin où je l'attendrai avec mes propres propositions radicales.

Il a une soixantaine d'années, sec comme une poignée d'arrosoir, une austérité d'ancien cadre d'active et des yeux qui ont un mal de chien à s'extirper des replis graisseux que sont devenues ses paupières après des années d'alcoolisme consciencieux. Il se triture les bouts de doigts. Puis il pleure et reprend la parole à travers ses sanglots :

– Oh, mon Dieu ! Je vous dis tout *ça, ça* a l'air si simple et vous, vous m'écoutez. Je ne peux pas croire que je suis ici pour *ça*…

À force de fréquenter mon voisin de palier, j'ai fini par acquérir quelques modestes notions de psychologie. Pas de quoi pavoiser, je l'admets, mais au moins quelques outils rudimentaires. L'emploi à répétition du pronom démonstratif « ça » dans le discours de Llanos attire donc mon attention de néophyte : le fameux « ça » de Freud désigne, si mes souvenirs sont exacts, l'aspect pulsionnel de l'être humain. Rien d'inquiétant a priori, mais je demande tout de même quelques éclaircissements :

– Pour *ça* quoi, monsieur Llanos ?

– Le… tuer. Enfin, que… vous, vous le fassiez…

Je descends le ton dans la gamme baryton consensuel :

– Pour l'instant, nous en discutons. Rien n'est encore fait et rien ne se fera sans votre accord. Si *ça* se trouve, vous ne voulez même pas que je le tue.

– Si ! Je veux que vous tuiez cet homme. Et je ne veux que *ça*, vous m'entendez ?

Ce dernier « ça » a fait virer la couleur de son visage au rouge angiome. La température de sa peau est montée si rapidement que ses larmes avaient séché avant la fin de sa réplique. Sans y prendre garde, croyant bien faire en interrogeant l'état réel de sa volonté, j'ai remis du carburant dans son réservoir.

– Vous voulez que je vous raconte, monsieur Lapelouse ? Vous voulez que je vous raconte ce que ce type a fait de ma vie et de celle des autres ? Je ne sais pas ce que vous clients vous disent habituellement pour que vous leur accordiez vos services, mais vous allez voir à qui j'ai affaire depuis maintenant soixante-deux ans !

Et dans un flux pas moins émotif, M. Llanos père m'est donc dépeint avec un luxe de détails. Une pourriture comme l'Histoire en a produit par pelletées entières.

12

Le roman de Ramón Suñer Llanos

Chapitre 1 : L'époque espagnole.

Ramón Suñer Llanos voit le jour en 1919 à Tériffe, d'un père colonel et d'une mère au foyer qui bouffe de l'hostie à la pelle. Franquiste invétéré dès 1936, il entre dans les colonnes du Caudillo qui déferlent à travers tout le pays. Il est jeune, il est beau, tout lui réussit et, au passage, il colle quelques républicains sur sa carlingue. En 1939, on se sert de lui pour infiltrer les dernières bandes d'insurgés qui complotent encore dans les maquis de la péninsule. Mais à vingt ans, il est démasqué et prend la fuite.

Chapitre 2 : L'axe Madrid-Berlin

Il débarque à Marseille où, par un heureux hasard, il retrouve un *Oberfeldwebel* de la Luftwaffe dont il a fait la connaissance à Madrid, au moment où Hitler et Franco discutaient entre gens du monde d'un appui aérien nazi qui donnerait à Picasso l'occasion de peindre l'une des toiles les plus célèbres de l'histoire de l'art.

Ramón Suñer Llanos est un homme d'action. Le communisme lui sort par tous les sphincters et, chaque nuit, il pleure sa défection auprès du *caudillo de España por la gracia de Dios*. « Qu'à cela ne tienne, lui dit l'Oberfeldwebel de la Luftwaffe, enrôle-toi donc dans nos troupes, le Führer a besoin de sang neuf. »

Et hop, le voici marchant en tête de la division Charlemagne. Llanos aime autant le comique troupier que le coup de force. Il additionne les trophées et fait un petit passage par la Gestapo française où il brille par son administration très ordonnée des rafles. Las ! Si, en 1940, Hitler ramène les Français par la peau du dos au wagon de la clairière de Rethondes pour leur faire avaler l'armistice, en avril 1945 il se vaporise dans son bunker berlinois. Fin de la deuxième partie.

Mais Llanos en a encore sous la pédale.

Chapitre 3 : Après l'effort, le réconfort

À la Libération, il est dans la rue à applaudir les GI, à tondre de la Française et à fracasser le crâne de ses anciens camarades miliciens, un brassard des FFI au biceps. Seulement voilà : dans la paix des braves, Ramón s'ennuie. Donc il prend femme. Mais pas n'importe laquelle. En août 1947, il épouse Hélène Tratoz, une Juive polonaise qui vient de passer ces deux dernières années à regagner les vingt-huit kilos qu'elle avait laissés à Birkenau, soigner sa typhoïde et remettre d'aplomb un cerveau un rien perturbé par des cauchemars récurrents. Il l'a rencontrée dans un hospice de

Montreuil et a littéralement jeté son dévolu sur elle. Notre homme serait-il brutalement redevenu humain ?

Chapitre 4 : Le Nid d'aigle

Llanos déteste les Juifs au moins autant que les communistes, au point que, bien souvent, il confond kolkhoze et synagogue. Et le voici marié à une Juive, non pas sous l'égide de la Torah mais sous celle de la Bible, dans une petite église de la vallée de Chevreuse. Car, sous une apparence de garçon rangé, Ramón Suñer Llanos conserve intacte sa stricte idée de l'existence. Pendant vingt longues années, Hélène va subir ce type qui, sitôt rentré chez lui, dans cette petite maison de Pantin qu'il a gentiment baptisée son *Kehlsteinhaus*, s'acharne sur elle, lui faisant endurer les pires ignominies. Verbales, quand il est sobre. Après quelques litres de cinq étoiles, il enfile cette tenue vert-de-gris qu'il s'est achetée aux puces de Saint-Ouen en 46, celle avec la casquette et la broche en forme de tête de mort, la même qu'il portait dans les colonnes de la division Charlemagne. Alors le Nid d'aigle se transforme en Dachau miniature.

Chapitre 5 : Une certaine conception de la famille

De cette union faite de viols et de tortures sophistiquées naissent deux enfants. Une fille, Mercedes. Un garçon, Carlos. Tous les deux élevés dans la haine de leur mère. Chaque semaine, Llanos père dresse un tribunal dans le petit salon de la maisonnée et fait jouer à ses gosses, et en alternance, les rôles d'avocat et de procureur.

Dès qu'ils atteignent l'un après l'autre leur majorité, Mercedes et Carlos désertent le domicile familial. Ils tentent d'alerter les autorités compétentes, mais à cette époque, l'Internationale du mari violent a encore de beaux jours devant elle.

Chapitre 6 : Un destin

Hélène Suñer Llanos finira par se pendre dans sa cuisine. En 1974, Mercedes meurt à son tour sous les coups répétés de son amant. En 1982, Carlos est condamné à six mois de prison ferme pour maltraitance à enfant sur les personnes de ses deux fils, Gérald et Sylvain. Les gosses sont placés sous la tutelle de leur mère qui profite de l'embastillage de son mari pour filer en Suisse. À sa sortie de prison, Carlos demande son placement en hôpital psychiatrique. Il quitte Maison-Blanche dix ans plus tard, après avoir expérimenté la plupart des camisoles chimiques disponibles sur le marché. Nous sommes en 1993.

Chapitre 7 : À la recherche du temps perdu

À quarante-cinq ans, Carlos Llanos se laisse embaucher par un garagiste de Gennevilliers et se noie dans le cambouis. Mais une idée fixe le ronge : il veut retrouver son père. Après la mort de sa femme, Ramón a visiblement disparu de la surface du globe. En 1995, l'idée fixe de son fils trouve un point d'ancrage.

Il s'offre les services d'un détective privé. Un type haut en couleur qui va lui extorquer chaque mois des sommes phénoménales. Cet homme de l'art officie dans le 16e arrondissement et se la joue tout à la fois mystérieux, paternaliste et largement je-m'en-foutiste. Mais Carlos n'en a cure. En trois ans, le détective remonte une piste qui part de Pantin, où Ramón joue sur plusieurs tableaux : escroc, proxo et indicateur des forces de police locales – donc bien protégé. Lorsque le vent tourne, il file se mettre au vert à Bordeaux.

Moyennant le double de la somme habituelle, Carlos obtient du détective une adresse place Meynard, au centre du quartier Saint-Michel. Deux détails pernicieux qui correspondent tellement à la personnalité tordue de son père que Carlos n'a aucun doute sur la véracité de l'enquête : d'un, c'est depuis le lycée Montesquieu de Bordeaux que le 17 juin 1940 le maréchal Pétain a appelé l'armée française à cesser les combats et donc à se préparer à l'armistice ; de deux, le quartier Saint-Michel, c'est précisément là qu'une partie de la diaspora républicaine espagnole a élu domicile en 1937.

Chapitre 8 : L'approche

Dans la semaine, Carlos donne sa démission au garagiste de Gennevilliers, enferme ses uniques richesses dans deux sacs de sport et prend un train. À Bordeaux, il trouve un appartement rue Saint-François. Soit à exactement cinquante mètres de l'endroit où vit son père. Ramón a maintenant soixante-dix-neuf ans. Tous les jours, à la même heure, il sort de chez lui pour aller prendre son déjeuner de midi à la terrasse du Blayais, une gargote sise au pied de son immeuble. Tous les jours pendant près d'un mois, Carlos mange à deux tables de son père. Incapable de faire autre chose, attendant il ne sait même pas quoi. Jusqu'à cette conversation :

– Je peux vous emprunter votre briquet ?

– Oui, bien sûr.

– Merci.

Ramón allume une Ducados, puis repose le briquet sur la table de Carlos avant de retourner à sa place. Le lendemain est un samedi de mai. Il fait un temps splendide et la terrasse est pleine lorsque le père débarque. Le fils, comme à son habitude, est arrivé en avance. Il est à sa table et s'inquiète. Sans doute son père tournera-t-il les talons en ne trouvant aucune chaise libre. Le vieux monsieur s'approche alors :

– Pardonnez-moi, est-ce que vous accepteriez que je déjeune à votre table ? Je n'ai plus de place et, à mon âge, on a des habitudes indécrottables.

La gorge de Carlos se serre. Il n'a même pas le temps de répondre que, d'autorité, son père prend place. Au début, les deux hommes ne se parlent quasiment pas. Puis, à force de se réclamer le sel, le poivre et la moutarde, Ramón demande à son fils comment il s'appelle et d'où il vient. Pendant quelques instants, Carlos pense qu'il est démasqué. Mais après tout, que risque-t-il contre un vieillard ?

– Éric Michelet. Et vous ?

– Ramón Suñer Llanos.

Chapitre 9 : La conquête

Pour Carlos, ça passe mal. C'est lui, la victime, qui est obligé de se masquer sous un nom d'emprunt quand son bourreau de père s'affiche sans complexe.

– Espagnol ?

– De Ténériffe, oui. Et vous ?

– Paris.

– Ah, je connais bien Paris. J'y ai vécu pendant de longues années.

À partir de cet instant, Carlos a envie de tout savoir, de bombarder son père de questions innocentes, de lire le livre que cet homme a écrit sur sa vie abjecte. Oui, cette crevure qui se déplace avec une canne connaît bien Paris. Et aussi Pantin. Martelant le crâne de Carlos, le souvenir de la petite maison rue Palestro avec sa cuisinette donnant sur une cour et cette porte à la poignée de laquelle sa mère s'est pendue le 24 avril 1969 hurle pour sortir. Mais Carlos est patient.

Chaque midi, il laisse cet homme venir lui faire la causette.

Au début, Ramón se contente d'une biographie assez lisse. Parfois, il glisse par-ci, par-là quelques zones d'ombre qu'il excuse en souriant :

– J'étais jeune, je n'ai pas fait que des choses recommandables.

Dans l'ensemble, en effet, son existence ressemble à celle de toute une partie des hommes de sa génération. Au début, et dans le souci de ne surtout pas s'exposer, Carlos parle de lui en polissant sa propre biographie.

Or, plus il se raconte, plus son père le coupe pour narrer à son tour un épisode inédit. Petit à petit, la confiance s'établit et Ramón lâche les chiens. Alors qu'il évoque à cœur ouvert ses ressentiments à l'égard de l'effroyable reddition de l'État français face aux hordes invasives d'étrangers en provenance d'Afrique, Carlos s'invente un passé d'activiste d'extrême droite. Des faits répréhensibles pour lesquels il s'est retrouvé en prison. Le point de convergence est établi. Saisi par cette communauté de destin, Ramón Suñer Llanos lève enfin le voile.

Chapitre 10 : Les brumes du passé

Il lui suffira des deux déjeuners suivants pour raconter sa vraie vie de sa naissance à Ténériffe à son départ précipité de la maison de Pantin, sans omettre le moindre détail : le franquisme, la division Charlemagne, sa femme juive qui a payé ses années d'errance, ses deux enfants qui ont payé sa haine de lui-même. Et puis la fuite à Bordeaux, où il mène depuis une petite existence d'exploitant de machines à sous clandestines, un bon filon, de quoi acheter son propre appartement et de se voir bientôt ailleurs, sans doute une retraite espagnole, pour rejoindre enfin la terre de ses ancêtres.

FIN

13

Le roman de Carlos Llanos

– J'ai été suffisamment courageux pour aller jusqu'à le revoir. Le reste n'a été que de la lâcheté. J'ai commencé par me dire : « À quoi bon ? » Il avait soixante-dix-neuf ans. Il fumait comme un pompier, il sortait ivre de table. Je l'imaginais rongé de l'intérieur par l'aigreur, ses organes colonisés par les ulcères. J'espérais qu'il souffrait, atrocement. Et ça me suffisait. Je me rendais compte aussi que ça ne m'apporterait rien de plus. Je me faisais déjà assez de mal comme ça à écouter ses vantardises et son absence totale de regrets. Il disait même qu'il était heureux de ne plus avoir de nouvelles de nous, qu'on n'était que des parasites et que si on était partis comme ça, ça prouvait bien qu'on avait hérité du sang juif de notre mère. Il disait que c'était pour ça qu'il avait fait des gosses à une Juive. Parce qu'on haïrait notre mère de l'avoir laissée faire ça et qu'on ne chercherait jamais à savoir ce qu'il était devenu. Au cours de notre dernier déjeuner ensemble, il a laissé libre cours à sa détestation du monde et il a dû voir dans mes yeux que je ne supportais plus ses paroles. Il s'est arrêté, il a posé une main sur mon bras et il m'a dit ceci :

« Tu sais, petit, si mon fils venait me voir ici, aujourd'hui, s'il avait cherché toutes ces années à me retrouver et qu'il se plantait là devant moi en me disant : "Voilà, je suis ton fils", je me lèverais et je lui cracherais dans la bouche. »

Ramón Suñer Llanos s'est bien levé mais n'a pas craché dans la bouche de son fils. Il a attrapé sa canne et il a claudiqué jusqu'à sa porte. Elle s'est refermée sur lui sans qu'il se retourne. Le lendemain, Carlos n'est pas venu, du moins pas jusqu'à la terrasse du restaurant. Il l'a observée de loin, depuis un autre bar. Le vieux n'a pas reparu.

– Le XXe siècle s'est achevé. Mon père s'est de nouveau volatilisé. Son appartement a été vendu. De mon côté, je me suis installé ici et j'ai digéré sa misérable histoire en la mélangeant à la grande. J'ai lu la plupart des ouvrages qui parlaient de la guerre d'Espagne, j'ai appris la langue, je me suis abonné à *La Bandera negra*, un bulletin hispanique édité par quelques républicains survivants qui n'avaient rejoint leur patrie à pas de loup qu'à la fin des années 80. Je me suis renseigné sur la division Charlemagne, sur la Collaboration et la Résistance. J'ai beaucoup voyagé aussi, je ne sais pas pourquoi, ni ce que je cherchais, mais d'Oradour-sur-Glane à Birkenau, j'ai tout visité. À un moment, j'ai même fréquenté les collectionneurs de photos anciennes. Certains de ces types possèdent des clichés qui pourraient les conduire en prison et ils se foutent royalement de ce que viennent chercher chez eux leurs clients. J'ai vu des trucs abominables : des images en rafale tirées d'un film qui montre le crâne d'une femme exploser sous l'impact d'une balle, des têtes d'enfants tranchées et exposées sur un muret entre deux généraux allemands posant sabre au clair, des hommes pendus par les couilles, un reportage sur les champs de morts de Stalingrad, des images des charniers espagnols, des fagots entiers de cadavres. Mais je n'ai pas vu mon père. Alors je l'ai oublié. Jusqu'au mois de décembre dernier. Quatorze ans après notre rencontre.

Ce jour-là, comme tous les mois, *La Bandera negra* est arrivée dans la boîte aux lettres de Carlos. Il a remonté la gazette avec le reste du courrier et il s'est assis devant son bol de café pour lire. En page de fin, il y avait une pétition rehaussée de la photo d'un vieil homme que Carlos a immédiatement reconnu. Ce morceau du journal était à découper et à retourner, signé, par la poste à l'adresse de la rédaction, à Bilbao.

COMITÉ DE SOUTIEN
À RAMÓN SUÑER LLANOS

Ramón Suñer Llanos, quatre-vingt-dix ans, ancien camarade de la CNT pendant la période de la guerre d'Espagne, héros de Madrid, de Valladolid et de Salamanque, compagnon de Buenaventura Durruti Dumange sur la route de Barcelone à Saragosse, déporté par les Allemands en 1941 alors qu'il s'était réfugié en France après la chute de Madrid et l'institution du régime franquiste, se voit aujourd'hui accusé de faits aussi délirants que mensongers. Bon nombre de nos camarades savent qu'il s'agit là d'un complot, orchestré par les néoconservateurs du gouvernement Rajoy et destiné à déstabiliser nos organisations. Depuis 2001, M. Suñer Llanos travaille ardemment à la mise au jour des charniers de la guerre d'Espagne dont l'existence a toujours été réfutée par la droite conservatrice. Rappelons que M. Suñer Llanos fut l'un des premiers à monter une association, la plus importante désormais, afin d'aller demander au gouvernement de M. Zapatero, en 2004, que des fouilles soient organisées sur les lieux mêmes des exécutions. Or on reproche aujourd'hui à M. Suñer Llanos d'avoir lui-même participé activement à la guerre civile mais dans le camp des franquistes. Ce procès d'intention est inique et jette un voile sombre sur les projets et le sens même des organisations de citoyens qui cherchent depuis de nombreuses années à comprendre ce que l'école ne nous apprend plus. Ce mardi 7 décembre, le comité de soutien à Ramón Suñer Llanos se réunira place de Catalogne à Barcelone. Nous espérons que l'état de santé de notre camarade lui permettra de se joindre

```
à nous. Si vous ne pouvez pas venir,
merci de signer cette pétition et de
nous la faire parvenir au plus vite.
```

– J'ai tout essayé. J'ai téléphoné à *La Bandera*, je leur ai écrit, je les ai inondés de mails. Personne ne m'a cru. Je me suis déplacé jusqu'à la rédaction du journal, à Bilbao, personne n'a voulu me recevoir. J'étais tellement désespéré, j'ai fait tellement de bruit que j'ai fini par attirer l'attention d'un journaliste qui est venu de Madrid pour m'entendre. Je lui ai accordé une interview qui a duré trois heures et je lui ai tout raconté.

Comme s'il revivait cet énième chapitre de sa vie, Carlos Llanos marque une pause. Il déglutit, le regard perdu. Sa voix reprend sans qu'il quitte ce néant des yeux :

– Vous avez déjà vu le Diable, monsieur Lapelouse ? Moi, oui. Cet homme est le Diable. Il n'était pas revenu en Espagne pour s'offrir une jolie petite retraite sur sa terre natale, non ! Ce qu'il voulait, c'était s'infiltrer dans la mouvance CNT, les noyauter de l'intérieur et ensuite les discréditer en laissant fuiter des informations sur son véritable passé. J'étais certain que ce type avait assez de merde dans les veines pour être reparti là-bas, avoir renoué avec ses anciens amis franquistes et monter ce plan délirant. J'ai craché tout ça à ce journaliste et je suis rentré en France. Épuisé. La semaine suivante, le reporter espagnol m'a fait envoyer un exemplaire de son journal qui venait de paraître et je suis tombé de l'armoire. Dans la précipitation, je n'avais même pas demandé à ce type pour qui il bossait et je me retrouvais interviewé en page centrale d'*ABC*, ce qui se fait de mieux en matière de presse populiste. Ces gens-là se réclament même du mouvement monarchiste. Ils avaient découpé mes trois heures d'entretien dans tous les sens pour n'en conserver qu'une substance à l'opposé de ce que j'avais dit de mon père. Ils avaient soigneusement fait le ménage sur les événements les moins glorieux – notamment l'alliance avec les nazis. Si bien que sur trois colonnes, on lisait le portrait d'un héros du franquisme et mon témoignage entérinait les rumeurs pesant sur Ramón Llanos, ce qui ne faisait que rajouter à la peine de *La Bandera negra.* Dans le numéro du mois suivant, ces derniers ont contre-attaqué par une interview fleuve de mon père qui s'achevait sur ces mots :

> Mon fils a choisi un chemin duquel je pensais l'avoir prémuni par une éducation basée sur l'humanisme et la démocratie. Nous nous sommes quittés en mai 1968 parce qu'il venait d'adhérer au groupe Occident et que je ne pouvais plus supporter cela. C'est une période sur laquelle je ne souhaite pas revenir. Elle éveille encore en moi une indescriptible tristesse et beaucoup de douleur.

– J'ai reçu des menaces de mort, envoyées d'abord par la poste, de France, d'Espagne, d'Italie, puis directement déposées dans ma boîte à lettres. On a fouillé mon appartement. On m'a matraqué une nuit…

M. Llanos fond en larmes. Il s'enferme le visage dans ses mains et pousse de courts soupirs. Au sommet de son crâne dégarni, j'ai tout loisir d'observer une cicatrice longue d'une dizaine de centimètres.

14

Opération plombs fondus

– Je veux que vous le tuiez, monsieur Lapelouse. Je n'en peux plus.

Je laisse passer une longue minute pendant laquelle je l'observe. Vendredi dernier, Braun me faisait bavasser sur mes motivations. Aujourd'hui, je tiens ce témoignage qui illustre à merveille la nécessité de mon travail et je ne me priverai pas de le lui montrer.

– Vous m'avez dit que votre père était parti se réinstaller en Espagne, c'est bien cela ?

– Oui.

– Est-ce qu'il y réside toujours ?

– Oui. À Barcelone.

Je profite qu'il ne me regarde toujours pas pour gonfler les joues et réfléchir à tout ça. Braun ne m'a-t-il pas aussi conseillé de prendre un peu le large ?

– Écoutez, monsieur Llanos, je comprends votre souffrance mais j'ai un petit problème. Je ne traite pas en dehors du territoire français. D'abord, ce n'est pas prévu par les statuts de ma société, ensuite…

Carlos Llanos se redresse, blême :

– Vous ne me croyez pas, c'est ça ?

– Je n'ai pas dit ça. J'ai dit…

Il plonge alors vers le cartable avec lequel il est entré il y a maintenant une grosse heure. Il en fait surgir un dossier, énorme lui aussi, qu'il lâche sur mon bureau. Puis il l'ouvre, le fouille, en extirpe des photos, des calendriers, des feuilles remplies de notes microscopiques dont le papier a jauni, des coupures de presse, les rapports du détective privé, etc. En dix secondes, ma table de travail est maculée de son enquête. Puis il produit un journal dont il me montre la couverture : *La Bandera negra* du 2 décembre 2012. Il déplie le journal, le retourne et me le tend :

– Et ça ! *Ça* ! Vous le croyez, vous ? Moi, toujours pas ! Vous voulez que je vous dise, monsieur Lapelouse, depuis ma naissance j'ai l'impression que tout ça n'est pas vrai. C'est tellement gigantesque qu'il m'a fallu me persuader pendant toutes ces années que tout ça était réellement en train de m'arriver.

Je regarde Carlos Llanos et Carlos Llanos me regarde. Ça dure un temps certain. Jusqu'à ce que mon téléphone sonne.

– Oui, Camille ?

– Votre rendez-vous de 16 heures vient d'arriver.

– Demandez-lui de patienter cinq petites minutes, vous voulez bien ?

Quand je raccroche, Llanos est en train de marmonner. Puis il explose à nouveau :

– Cinq petites minutes !? C'est comme ça que vous traitez votre clientèle ?!

– Si vous n'arrêtez pas immédiatement votre cirque, monsieur Llanos, je ne m'occupe pas de vous et vous rentrez dans vos pénates avec mon pied au cul.

Devant n'importe quel type de souffrance, il y a des choses qu'un professionnel tel que moi ne peut pas tolérer. Notamment la décharge d'agressivité du client à mon encontre. C'est une question d'équilibrage des forces en présence. Llanos redescend, comme quoi ça fonctionne. Il serre les molaires, mais il redescend.

– Très bien. Vous allez me laisser votre dossier et quelques jours de réflexion. Pour l'heure, je vous invite à rejoindre ma salle d'attente avec ce catalogue, et à utiliser le temps nécessaire pour l'étudier de fond en comble. D'un côté je considère votre cas, de l'autre vous réfléchissez à la manière dont vous aimeriez que je fasse disparaître votre père.

Ce disant, je pousse vers lui mon catalogue. Puis j'ouvre le tiroir central de mon bureau, en extirpe un formulaire et une enveloppe vierge que je lui tends :

– Avant de quitter les locaux, je vous prie de remplir cet imprimé et de le glisser dans cette enveloppe, de la cacheter et de la remettre à ma secrétaire. Je vous rappelle dans quelques jours pour vous faire part de ma décision. On est d'accord, monsieur Llanos ?

En guise de réponse, il baisse ses paupières graisseuses, met la main sur mon catalogue, le bordereau et l'enveloppe, se lève péniblement et traîne les pieds jusqu'à ma porte. Dans le tiroir de gauche, je regarde mon enregistreur avec circonspection. Je trouve soudain mon dispositif vidéo un peu dégueulasse. Puis plus du tout. J'éjecte la carte, y note « Llanos » et la date du jour. Deuxième enveloppe. Coffre.

– Ah monsieur Lapelouse, avant que je m'en aille : y a M. Llanos qui m'a remis ça pour vous.

Camille me tend le pli fermé par-dessus sa petite installation stéréo qui diffuse à cet instant des paroles aussi prémonitoires que dégoulinantes.

Et même si je dois pleurer,
Et même si je dois souffrir
Aïda, il est temps de partir
Il est temps...

Tout en observant Camille qui dandine des épaules et mordille ses lèvres glossées, j'ouvre le courrier. Comment une femme de cinquante et un ans, normalement constituée, peut-elle avoir voué sa vie entière à un chanteur de variétoche mort de n'avoir pas suffisamment étudié à l'école son programme de physique sur les lois de la conduction électrique ? Comment, plus de trente ans après le drame du 46, boulevard Exelmans, cette femme – qui a pourtant eu la chance inouïe d'avoir des parents qui la baptisent Camille à une époque où la plupart des gourmettes s'appelaient Nadine, Jocelyne, Denise et Lucienne – peut-elle encore soumettre ses tympans à un tel poison musical ? Je ne sais pas. Camille est un mystère et j'aime autant ça.

– Vous ne voulez pas baisser votre musique, ça me file la nausée.

– Ah non, hein ? Pas de ça, monsieur Lapelouse ! Vous n'aimez pas, vous détestez peut-être, vous trouvez ça nul, passe encore. Mais la nausée, vous la gardez !

– Baissez cette musique, Camille, ou j'arrose votre immonde brassière avec la brandade de morue que j'ai mangée à midi.

– C'est horrible ce que vous me faites, Richard.

– Je vais partir quelque temps. Je vous rappelle que vous êtes aussi l'employée du Dr Braun et je vous demande expressément de ne pas le déranger pendant ses heures de consultation avec votre soupe.

Je sors sans attendre sa réaction et, l'enveloppe sous le bras, j'entre dans mon bureau. Le contrat Llanos chute au fond de mon coffre, je remets en place le Lichtenstein et quand je me tourne…

– Elle te rappelle pas quelque chose son histoire ? Ça fait pas sonner une cloche dans ta tête, Richard ?

La blonde ! Assise dans mon fauteuil. Et, comme si ça ne suffisait pas, moi qui m'entends dire :

– Dionne… ?

Ça la fait sourire. Moi, ça me vrille l'intestin. Je reprends le dessus en jouant le proprio squatté :

– Qu'est-ce que vous foutez encore là, vous ? Barrez-vous d'ici ! Tout de suite ! Pour qui vous vous prenez ? Vous avez un truc à me demander ? Passez par ma secrétaire. Vous allez voir, c'est un sacré cheval, elle aussi. Allez, du vent !

– Monsieur Lapelouse ?

Toute cette gesticulation colérique me colle une suée épouvantable. Elle, ça la fait juste marrer. Elle ne bouge pas, elle sourit de toutes ses lèvres et de toutes ses dents.

– Monsieur Lapelouse, y a un truc qui va pas ?

Je fais volte-face. Camille a passé la tête dans l'entrebâillement de la porte. Elle me regarde bizarrement. J'enclenche :

– Ouais, y a un truc qui va pas, Camille. Et je croyais vous avoir déjà prévenue…

Je me retourne vers… bon, ben, Dionne, disons… un doigt vindicatif tendu dans sa direction. Or, au bout de ce doigt, il y a mon fauteuil. Vide.

– Je… euh… Oh ! Putain…

Quand un patron flambe une durite devant ses subalternes, la meilleure chose qu'il puisse faire c'est encore d'assumer ce qu'il vit. Je plie donc les genoux, m'assois sur mes talons et je me pince les lèvres en observant le vide devant moi.

– Monsieur Lapelouse, si…

– C'est bon, Camille. Laissez-moi maintenant.

Elle sort. Je ne bouge pas. Je délègue à mon cerveau les décisions à prendre et je me dis :

– Tu n'en parles surtout pas à Braun. Jamais, tu m'entends ? Cela dit, il a raison. D'une manière ou d'une autre, faut que tu prennes du champ. De là où t'es, tu vois que dalle. T'es d'accord avec moi ?

– Oui.

– Non, je veux te l'entendre dire. T'es d'accord avec moi, Richard ?

– Oh, ça va ! Oui, je suis d'accord avec…

Je relève la tête. Dionne est assise sur mon canapé. Elle sourit. Elle me dit :

– Oui, prends du champ, Richard. Mais fais-le pour une bonne raison.

Je suis pétrifié, je ne peux pas me relever, quitter cet endroit et aller me réfugier chez Malcolm pour lui demander une cure de coke et de bière. Je la vois venir à moi, s'accroupir et rapprocher son visage comme l'autre nuit. Elle me dit :

– Je t'avertis, ça va pas être simple. Parce que t'es pas un mec simple, Richard. T'as peur, tu te planques et j'en ai marre.

Je dois être en recherche express d'un sas de décompression parce qu'assez vite je fuis ses yeux et plonge dans son décolleté. Elle penche la tête pour suivre mon regard et je l'entends ricaner :

– Par contre, mon gars, je suis désolée pour toi, mais tu peux pas me baiser. Dans toute l'acception du terme.

Elle se redresse avec grâce, me tend la main. Je la saisis et je me relève. Mais mes yeux restent figés sur la moquette. Elle m'attrape le menton et me force à la regarder. À la recherche d'un nouveau prétexte pour ne pas prendre tout ça trop au sérieux, je me dis qu'elle est quand même vachement belle.

– Oui, je sais et j'y peux rien, c'est pas moi qu'ai choisi, c'est toi. Et ça va très certainement faire partie des trucs les plus durs à vivre maintenant.

15

Y a même des gosses !

J'ai commencé la soirée assis sur le canapé de mon salon parce que, chez moi, je me suis créé cette retraite de soldat. Un espace chaud, beau, confortable, où chaque soir j'aime venir déposer ma fatigue et ne penser à rien. Or, là, je pense. Trop. Quand il s'est agi de me mettre en veille, je me suis ouvert un coteaux-du-layon frais, un sachet de noix de pécan et j'ai cherché un film. Mais rien ne m'a fait envie. J'étais là, mon verre à la main, je regardais une à une les tranches de mes DVD et je me disais : « Déjà vu… vu huit fois… non, pas celui-là… » J'ai abandonné le rayonnage et je suis passé aux CD. J'ai sorti le best of de Dionne Warwick sans m'en rendre compte et depuis, « Don't make me over » est sur mode *repeat* alors que j'ai toujours préféré le petit swing faussement gai d'« Always something there to remind me ».

Bon, ok, très bien. Avant que Braun ne plie sa déontologie à géométrie variable pour accepter de me prendre sur son divan, je n'avais pas de conscience, pas de surmoi, rien, j'étais une sorte de bête. Maintenant que je suis devenu humain, me voilà accompagné d'une conscience que j'ai créée de toutes pièces. J'aurais pu me contenter d'une excroissance qu'à part moi personne n'aurait vue, mais comme je suis un esthète, je me suis pondu… une bombe – oui, Dionne, pas la peine de glousser, je t'entends d'ici compléter mon petit laïus : « Dans toute l'acception du terme. » Bla-bla-bla.

Connasse !

Où est-ce que je suis allé me la trouver, celle-là ? J'avais bien besoin de ça ! Elle va me concasser les gonades, pire que si j'avais marié la première venue, sur un coup de passion, à peine deux mois après le premier échange de salive. Je me déteste.

Pendant des heures entières que je ne vois même pas passer, je secoue ma couenne dans tous les sens et, évidemment, cette salope me laisse tout seul avec ma fosse à purin. Quoi ? Qu'est-ce que j'entends ? Qui s'est permis de me traiter de sexiste ? ! Non mais attendez là, vous permettez ? C'est *ma* conscience, je lui parle comme *je* veux, d'accord ? Allez, lâchez-moi la grappe et foutez le camp d'ici, qui que vous soyez. Non mais regardez-moi cette époque de merde. On peut même plus dire « salope » dans le secret de son alcôve sans voir débarquer une armée de moinillons.

J'en ai à peine fini avec les mauvais coucheurs que le voisin du dessus martèle mon plafond en hurlant :

– Tu vas fermer ta gueule, ouais !

Je m'apprête à grimper à l'étage pour lui marteler la sienne, mais je me contiens. Enfin, c'est surtout que je prends peur. Ça fait combien de temps que je m'engueule avec moi-même comme ça ? Une question en amenant une autre, un argument conduisant à une nouvelle dispute, moins d'une demi-heure après, je me remets à bramer. Je m'interromps quand on frappe à ma porte. Chouette, j'avais besoin de me défouler sur un être de chair et d'os – tant qu'à faire, au-dessus de mes forces. J'ouvre à la volée. Mon voisin. Il est grand, il est gros, il est poilu, il est moche, je vais le laisser avancer son pion le premier et ensuite je vais lui fissurer l'émail des dents à coups de talon. Il fait un pas en avant, menaçant :

– Eh, mec ! Si t'as des problèmes avec ta bonne femme, tu fais comme nous : vous vous foutez dessus aux heures ouvrables. T'as compris ?

Je le toise un moment et puis, devant le ridicule de ma situation, je redescends d'un coup :

– Désolé. Excusez-moi, je suis…

Ma posture semble le rassurer un peu, alors il range ses muscles et – qu'est-ce qui lui prend ? ! – le voilà qui me pose une main sur l'épaule :

– Eh… C'est bon, mec, y a pas de problème, je sais ce que c'est.

Il s'interrompt, jette un regard par-dessus mon épaule, observe mon salon désert, puis revient à moi en baissant la voix :

– Elles sont pas faciles tous les jours. Mais bon, faut quand même y aller mollo. En lui gueulant dessus comme ça, dis-toi juste que tu perds toute crédibilité. Et tu vois, j'ai fini par comprendre ça, au bout du compte : la crédibilité, mec, c'est tout ce qui nous reste face aux femmes. C'est pas plus compliqué que ça. Faut juste faire gaffe, maîtriser, en douceur, tu comprends ?

– Je sais…

– Houlà… Doucement. Faut pas te mettre dans des états pareils, mon pote. Attends, viens là, laisse-toi faire, allez, c'est rien, c'est rien…

Il est trois heures du matin, je suis debout sur mon paillasson, dans les bras d'un homme que j'ai dû croiser deux fois depuis que j'habite ici. Il sent la sueur nocturne et son haleine me soulève l'estomac, mais je sanglote dans son cou pendant qu'il me masse la nuque de sa grosse main moite. Ça me fait un bien fou.

Le lendemain est un mercredi et je me lève volontairement tard. Une fois que mon voisin a fini par accepter de me laisser, j'ai essayé de tromper ma peine en cherchant une décision à prendre sur le dossier Llanos. Mais comme ça ne marchait pas vraiment, sur le coup des 5 heures, j'ai attrapé une bonne bouteille de bourgogne – depuis que je vis à Bordeaux, j'achète des vins d'outre-Gironde, parce que j'estime que les négociants locaux sont un peu trop fiers de leurs acquis – et je me suis installé devant l'adaptation cinématographique de *La Dame du lac*, pour un énième visionnage toujours aussi fascinant de ce semi-navet de Robert Montgomery qui ne présente qu'un seul intérêt : Marlowe, c'est la caméra. Ce film exerce sur moi un étrange pouvoir sédatif et ce grâce à l'interprétation douteuse d'Audrey Totter qui gâche beaucoup de temps à jouer du sourcil. Résultat, je m'endors sur mon canapé alors que les données de cette intrigue absconse viennent à peine d'être énoncées.

Camille me tire de la douche en appelant quatre fois coup sur coup.

– Je peux m'essuyer tranquillement ?

– Monsieur Lapelouse, il faut absolument que vous passiez au bureau. Il y a des gens… enfin, il faut que vous veniez, moi, je peux pas gérer ça toute seule.

La panique dans la voix d'une femme qui a dédié sa vie au créateur de « My Way » est une chose à prendre très au sérieux. Avant de raccrocher, je crois entendre que son bureau est plein de monde.

Lorsque j'arrive enfin, Camille m'attend sur la coursive du premier étage. Elle est livide, tremblante et assez peu fière d'elle, donc honteuse :

– Je suis désolée, Richard, je ne sais pas faire… Je n'ai jamais su faire… Ils me foutent des angoisses qui deviennent des vertiges…

– Bon, calmez-vous, Camille, et expliquez-moi tranquillement.

Pour toute réponse, elle tend un doigt devant elle et me montre la porte de mon bureau. Et puis elle fait brusquement demi-tour et part s'enfermer dans le sien en étouffant un sanglot. Présageant donc du pire, j'ouvre ma porte, armé d'une attitude agressive très proche de celle de l'inspecteur Clouzot arrivant chez lui et se doutant que Cato l'attend quelque part, tapi dans l'ombre, un nunchaku et une hallebarde dans chaque main.

Ils sont six.

Entre dix et quinze ans.

Des gosses !

Sagement rangés par ordre décroissant, comme dans le bureau d'un proviseur. De dos, on dirait une faction des *Choristes*, mais lorsque, dans un même mouvement, ils tournent leurs regards vers moi, c'est *Le Village des damnés*. Je comprends très bien la panique de ma secrétaire.

Il arrive un âge où les seules références auxquelles on pense pour établir une communication avec des êtres inférieurs sont totalement obsolètes. Pour ma part, le premier truc qui me vient quand je vois ces mômes, c'est *Les Visiteurs du mercredi* avec Soizic Corne, Patrick Sabatier et Sibor & Bora. Alors, avec une voix d'animateur Bafa, je m'écrie :

– Bonjour, les enfants !

Évidemment, comme entrée en matière, ça passe moyennement. Six paires d'yeux s'écarquillent en même temps et suivent scrupuleusement mon déplacement en biais à travers la pièce. L'échine exagérément baignée d'une tiède sueur, je me fais penser à ce malheureux Blondel qui, il y a à peine plus d'une semaine, se comportait de même face à moi tout en essayant d'avoir l'air solide. Je m'assois derrière mon bureau, fais semblant de remettre en place deux ou trois Post-it qui ne sont pas dérangés et, finalement, je lève les yeux vers l'enfant qui semble le plus proche de l'âge qui m'effraie le moins. C'est une demoiselle, je lui donne quinze ans tout au plus, elle est blonde, ses yeux sont bleus. Je déglutis mal en demandant :

– Bon… raheeem… Qu'est-ce que vous faites là, exactement ?

Ce n'est pas la demoiselle qui prend la parole, mais le petit garçon au bout de la chaîne. Celui que, jusque-là, j'évitais soigneusement de regarder parce qu'il a tout l'air du morpion de base et que c'est à cause de ce genre de nain que je déteste tous les autres.

– Voilà, monsieur. Si on est venus c'est parce qu'y a M. Devernois, c'est un gros fils de pute et on voudrait que tu le pouille-daves…

C'est connu, un gosse de dix ans peut vous envoyer au tapis mieux que n'importe quel catcheur. Généralement, il fait ça avec des mots ou des pleurs, les deux mélangés créant un profond vortex dans lequel vous sombrez lamentablement. Mais un gosse de dix ans qui vient vous demander de tuer un homme, ça déclenche autre chose : une sorte de crampe qui vous saisit l'entrejambe avant de remonter comme une fusée en direction du bloc cœur-poumons lequel va rapidement s'occuper de la diffuser à l'ensemble des organes. Étrangement, la seule partie de votre corps qui n'est pas atteinte, c'est votre cerveau. Il vient juste de se débrancher avant que vous ne vous posiez cette grande question à point d'exclamation : « Qu'est-ce que j'ai fait de ma vie ! »

– Tu peux répéter ce que tu viens de dire, s'il te plaît ?

16

Il était une fois...

... un ogre qui s'appelait Devernois et qui avait tellement terrifié la population de son village qu'aux élections municipales, tout le monde avait accepté de voter pour lui. Une fois installé à la mairie, Devernois avait découvert une chose étrange : malgré les lourdes responsabilités qui lui incombaient, il s'ennuyait énormément.

En fait, ce que Devernois aimait par-dessus tout, c'était la chasse. Tant et si bien qu'au bout de quelques semaines, on le voyait moins souvent dans son bureau que dans son gros 4x4 avec lequel, en compagnie de ses colistiers, il roulait partout, usant de chaque endroit de sa commune comme de son propre terrain de jeu.

Afin que Devernois ne soit pas gêné dans ses battues quotidiennes, il avait fait annuler toutes les sorties scolaires en forêt. Bien sûr, ça avait fait grand bruit dans la population. Aussi avait-il imposé par décret que les enfants désireux de circuler librement soient vêtus de gilets jaunes fluorescents. Ça amusait beaucoup Devernois et ses amis de voir filer sur leurs bicyclettes ces petites bandes de chenapans avec leurs tenues d'accidentés de la route. Ils les appelaient les Stabilos et, selon leur état d'ébriété, prenaient un malin plaisir à tirer juste au-dessus de la tête des jeunes cyclistes pour les faire pédaler plus vite.

Las, arriva un temps où les enfants cessèrent de sortir et où le gibier vint à manquer. Comme il craignait de mourir de désœuvrement, Devernois décida alors de se tourner vers des proies plus accessibles. C'est ainsi qu'il commença à prendre pour cibles les animaux de compagnie du voisinage. Les chats devinrent rapidement des victimes fascinantes. Leur agilité et leur vigueur lui rappelaient cette chasse aux fauves qu'il avait connue, trois ans auparavant, au Lesotho.

Le dernier félin en date qu'il abattit était un petit bâtard de chartreux nommé Vercingétorix. L'animal appartenait au fils de ses voisins. Devernois le tira depuis la fenêtre de sa salle de bain alors que le chat se promenait tranquillement sur le mur d'enceinte de la propriété. L'ogre rit beaucoup en voyant, dans la lunette de son fusil, le corps de la bestiole exploser sous l'impact de la balle 308 Winchester. Le problème, c'est qu'au même moment le petit Victor Lampe était dans son jardin, de l'autre côté du mur, et qu'il assista à la mort tragique de Vercingétorix. Cet incident aurait pu avoir de sérieuses conséquences. En effet, le père de Victor Lampe n'était autre que le malheureux concurrent de Devernois aux précédentes élections. Jean-Jacques Lampe alla donc sonner le soir même chez M. le maire pour se plaindre et exiger des explications. Dans son déplacement, il était accompagné de son fils en larmes, des gendarmes de la commune et d'une petite boîte en plastique au fond de laquelle reposait une sorte de bouillie sanguinolente à peine reconnaissable – le cadavre de Vercingétorix.

Devernois fit face à l'événement avec beaucoup de détermination. Il attrapa le corps du pauvre animal avec beaucoup de douceur et, s'adressant au capitaine de gendarmerie, il prononça ces mots :

– Mon capitaine, il y a deux façons de procéder pour qu'un chat de ce volume se retrouve dans cet état. La première, c'est de le tuer avec une balle 308 Winchester. Or vous savez comme moi que ce calibre est interdit en France. La seconde, c'est de lui rouler dessus avec un véhicule pesant plus d'une tonne. Que je sache, M. Lampe en possède un. Aussi, et sans vouloir vous commander, je vous prie de bien vouloir faire les constatations d'usage sur le véhicule de ce monsieur avant de venir m'ennuyer un dimanche chez moi.

Le capitaine de gendarmerie lorgna ses chaussures d'un air embarrassé et l'ogre Devernois se tourna alors vers M. Lampe. Il le regarda droit dans les yeux et lui dit :

– Il est impardonnable de mentir à un enfant, Jean-Jacques. Surtout quand ce mensonge sert à cacher ses propres fautes.

L'affaire s'arrêta là. Devernois en retint au moins quelque chose : s'il voulait reprendre ses activités de chasseur en milieu sauvage, il lui fallait impérativement marquer une pause afin que le cheptel de gibier se regarnisse. Le printemps allait arriver, il accorderait à la nature le temps de faire son œuvre et, d'ici un semestre, on pourrait à nouveau sortir les fusils.

Dans les mois qui suivirent, Devernois fut donc un maire exemplaire. On ne l'avait jamais vu si prompt à la tâche. Chaque jour, il entrait en mairie à 8 heures pour n'en ressortir qu'à la nuit tombante. Dans l'entre-deux, il produisait un travail impressionnant. De cette période naquirent plusieurs arrêtés qui firent date dans sa commune.

Pour l'essentiel, il s'agissait de redéfinir la distribution des subventions que l'ancienne municipalité avait accordées à diverses associations à but culturel ou caritatif. Devernois commença par le Rex, le cinéma d'art et d'essai de la bourgade, qu'il accusa de programmer des films n'ayant aucun intérêt pour la population. Puis, il visa la maison des jeunes, dont il démontra que les activités n'étaient pas suffisamment éducatives, et qu'en sus elle donnait lieu à des rassemblements de jeunes potentiellement bruyants et nocifs pour le voisinage. Enfin, il cibla la Fermette, un lieu de réinsertion sociale qui, prétendit-il, hébergeait des chômeurs, des repris de justice et des toxicomanes sans aucun résultat probant. Devernois décida en conclusion que les dotations supprimées seraient aussitôt réinvesties dans d'autres entités bien plus populaires : l'Amicale sportive et le Cercle des chasseurs.

Une fois ces changements de cap accomplis, le maire se rendit compte qu'il pouvait faire encore plus d'économies et se rapprocher ainsi de la politique gouvernementale du moment : abaisser le train de vie de l'État. Il commença par se débarrasser des employés de mairie dont le faciès trahissait un mélange d'origines, puis de ceux dont le nom de famille semblait provenir d'ailleurs. Là encore, il mit tout son talent dans l'affaire et, rapidement, de l'équipe initiale qui comptait quinze fonctionnaires, il n'en resta bientôt plus que six. Des femmes. Dont trois qu'il trouvait à son goût. Parmi celles-ci, il y avait Mme Ponceaux.

Mme Ponceaux était une agréable trentenaire mariée et mère d'une jeune fille de onze ans, Cécile. Ce qu'aimait Devernois chez Mme Ponceaux, c'est qu'elle avait un solide esprit de résistance. Il commença par lui offrir des fleurs qu'elle refusa. Puis il menaça de la renvoyer. Comme ça ne semblait pas l'impressionner, Devernois la convoqua un soir dans son bureau, à l'heure de la fermeture des locaux. D'abord, il lui parla posément, mais Mme Ponceaux eut l'air de s'en moquer. Ça mit Devernois dans une rage noire. En la maîtrisant pour l'allonger sur le canapé, il lui démit l'épaule. Ça ne freina pas ses ardeurs, bien au contraire. Désormais handicapée, la jeune femme ne pouvait plus lutter. Après l'avoir lutinée férocement pendant plusieurs minutes, Devernois la libéra, non sans l'avertir promptement :

– Si tu dis quoi que ce soit, je m'en prends à ta fille. Et trouve-toi une bonne excuse pour expliquer à ton mari comment une secrétaire de mairie fait pour se péter un bras pendant les heures de bureau, ça te fera quelque chose à raconter.

Meurtrie dans sa chair, Mme Ponceaux quitta la mairie sans se retourner, et prit sa voiture que, quatre kilomètres plus loin, elle précipita contre un arbre afin que cet accident stupide explique l'état de son épaule.

Célibataire, amateur de conquêtes féminines, d'armes à feu et d'animaux morts, l'ogre Devernois se disait qu'il avait de grands projets pour cette ville et il ne voyait rien qui puisse, de près ou de loin, menacer son règne. Et, vu sa popularité, il n'avait aucun doute quant à ses réélections successives. Après tout, il n'avait que cinquante-cinq ans.

17

Dans un grand feu de joie

– Attends, attends… qu'est-ce que tu me racontes ? Comment tu sais tout ça, toi ? C'est ta mère qui t'a raconté ça ?

Parmi les six, Cécile Ponceaux n'est pas celle qu'on remarque le plus. À son âge, elle porte déjà des vêtements de camouflage social, tout en couleurs désaturées, sans forme ni accroche, les cheveux attachés en arrière, aucun signe distinctif nulle part, aucun geste pour accompagner ses paroles, une voix atone, un regard appuyé sur du vide. Dans vingt ans, quand ses copains reverront leurs photos de classe, ils ne se rappelleront pas d'elle, son visage sera flou.

– Non. J'étais là. J'étais venue la chercher à la mairie et j'attendais dans le couloir. J'ai tout entendu et, quand ils sont sortis, je me suis cachée. M. Devernois, il a fermé la mairie et il est parti. Et moi, j'ai pas bougé à cause qu'ils ont mis une alarme qui détecte les mouvements. Je suis restée toute la nuit derrière la photocopieuse.

Pour couper court au silence consterné qui clôt ce conte de fées moderniste, le gosse de dix ans revient à la charge :

– On a de l'argent, tenez, regardez !

Et il dépose sur ma table de travail une poche Intermarché dans laquelle gigote une impressionnante cargaison de billets de 5 et 10 euros et quelques lourdes pièces de 2. Je regarde le sac, je regarde les enfants en évitant Cécile, et je m'apprête à dire : « Ok ! Je vais vous le peler, votre grand méchant loup, et vous en faire une descente de lit », quand j'aperçois Dionne, à l'autre bout de la pièce. Elle s'est stratégiquement placée entre mes deux Lichtenstein et elle attend ma réponse avec beaucoup d'impatience. Je lui fais un petit clin d'œil que capte immédiatement le gosse de dix ans. Il se retourne pour suivre mon regard et c'est là que je m'écrie :

– Ok !

La bouche de Dionne s'affaisse, ses joues se creusent, le gosse s'exclame :

– C'est vrai ? !

– C'est vrai quoi ?

– Que vous êtes d'accord pour le tuer ?

– Vous êtes venus là pour quoi exactement ? Pour me demander si c'était possible de le faire ou si je pouvais le faire ?

Le gosse de dix ans me donne la seule réponse possible à cette question totalement conceptuelle dont je ne possède pas moi-même toutes les clés :

– Hein ?

Saint-Julien-les-Graves est, comme son nom l'indique, une bourgade enclavée au sud-est du vignoble bordelais. Je n'en découvre rien de plus que ce que les gamins m'en ont raconté : j'y entre de nuit et en repars idem. Dionne a fui dans mes limbes et c'est tant mieux. Parce que la conscience, belle ou pas, ça va un moment.

Je pénètre au domicile de Pierre-Marie Devernois, que je trouve endormi sur son canapé dont il occupe à lui seul toute la surface. Il est trois heures du matin, sur une chaîne du câble on diffuse un télécrochet dans lequel les meilleurs tatoueurs d'Amérique s'affrontent devant un jury qui passe son temps à humilier les participants.

Si l'on considère qu'avec l'âge, l'argent et le pinard Gérard Depardieu est devenu une caricature de lui-même, alors Devernois est une caricature de Gérard Depardieu.

Il est brun, le cheveu mi-long et gras, le menton puissant, une impressionnante protubérance nasale dont le bout ressemble à un scrotum fané, la chemise hors du pantalon, l'écharpe républicaine remontée sous la gorge, les Church's bien en vue sur l'accoudoir, une bouteille de Bowmore trente-cinq ans d'âge posée dans une flaque sur la table basse, et aucun verre à proximité. Plantée dans le manteau de la cheminée, une tête de hure m'observe de ses yeux de verre. Le salon est chargé, la maison grande, le 4x4 garé dehors de marque allemande, le jardin immense, au centre duquel un American Staffordshire roupille au bout de ses vingt mètres de chaîne, la bave aux lèvres, drogué par une livre de viande hachée au stilnox dont il n'a fait qu'une bouchée. Devernois habite une ancienne bâtisse construite au moins un siècle avant la Restauration. Du bois partout et de la pierre sèche entre. Il y a cinq chambres, une pièce à vènerie avec son râtelier de fusils et son portemanteau chargé de Barbour kaki, une cuisine et une buanderie avec un congélateur plein de bêtes raides, un billard Chevillotte à tapis rouge de dimensions prétentieuses, une salle de bain à douche italienne – avec une fenêtre donnant effectivement sur le mur d'enceinte de la propriété –, un bureau vide, une bibliothèque obligatoire emplie de biographies historiques sous cuir synthétique et dorures bidon achetées au mètre à quelques VRP de chez Quillet, France Loisirs et consort. M. Devernois est un notable qui vit seul et les seules photos qui peuplent sa demeure sont celles de son chien de combat, tournant en boucle sur un petit écran digital posé sur une commode Louis XVIII d'un goût irréprochable.

Une heure plus tard, ce magnifique héritage part en fumée.

L'incendie s'est déclaré au centre de la maison, dans les toilettes où l'on trouvera demain le corps calciné de M. Devernois. Le maire, ivre mort – l'autopsie ne permettra pas de le dire, mais je sais, moi, qu'il avait ingurgité cette nuit-là la totalité de sa bouteille de Bowmore, un soixante-quinze centilitres de Tanqueray, un litre et demi de vodka et une mixture trouble provenant d'un bouilleur de cru local pas vraiment honnête –, s'est endormi sur ses chiottes en laissant choir le mégot de son Romeo y Julieta Exhibición n° 3. Ce manchon incandescent est tombé dans le porte-journaux, mettant le feu aux pages d'un exemplaire du *Figaro* de la semaine précédente. Les flammes ont rapidement atteint le rideau en viscose du petit fenestron qui a lui-même embrasé les poutres transversales du réduit. À cet instant, les fumées dégagées s'étaient déjà profondément enfoncées dans les alvéoles pulmonaires de M. Devernois, qui est mort quelques minutes avant que la chambre du dessus ne soit à son tour envahie par l'incendie.

Les pompiers de Beautiran ne sont alertés qu'une demi-heure plus tard. Lorsqu'ils arrivent sur les lieux, trois siècles de conservation immobilière viennent de voler en éclats après l'explosion de la bonbonne de gaz placée dans la cour intérieure de la maison.

Derrière ma lithographie de Lichtenstein, il y a une carte mémoire renfermant un fichier vidéo où six enfants donnent l'un après l'autre leurs noms, prénoms, âges et adresses. Chacun d'entre eux répète comme un mantra les termes du contrat qui nous lie après que j'en ai fait la traduction en langage commun.

Pour ce qui est de l'enregistrement officieux, j'ai préféré l'effacer.

18

Premiers jours à Barcelone

Comme dit la femme de ménage en rentrant de vacances, je reviens à mes moutons. Pendant deux jours, je me fore les méninges pour préparer mon départ. Carlos Llanos m'en baise presque les pieds. Même quand j'exige de lui un supplément qui n'était pas inclus dans la petite facturette recrachée par ma machine à calculer : de quoi payer les frais de route, de bouche et d'hébergement. N'allons pas imaginer que j'émarge sur les défraiements. J'ai réservé un hôtel de gamme moyenne, sans petit déjeuner. Pas de quoi crâner.

Je possède une collection renouvelable de pièces d'identité pseudonymes de très bonne facture, ce qui est rare et coûteux en ces temps de surveillance numérisée. Je m'en sers prudemment, mais le fait de délocaliser pour un temps mes activités de l'autre côté d'une frontière ne me met pas du tout à l'aise. En cinq années d'exercice, j'ai aussi eu le temps de me former aux nouveaux outils de communication. Désormais, ouvrir un compte sur une banque en ligne est pour moi un jeu d'enfant – et quand on sait ce dont les enfants sont capables, ça ouvre des perspectives non négligeables. D'où la présence dans mon coffre de ce bel ensemble de cartes de crédit polonaises, suédoises, britanniques, etc. – eh non, je ne protège pas mes économies à l'étranger parce que oui, je suis très attaché à la notion d'impôt.

Du temps de Paoletto, je me foutais royalement de mes déplacements extraterritoriaux. Je me sentais couvert où que j'aille et quelle que soit ma mission. Maintenant, je suis seul et j'ai décidé d'être strictement paranoïaque parce que c'est ainsi que les souris survivent depuis des millénaires.

– Je t'interdis de te comparer à une souris, Richard.

Je referme mon coffre. Dionne me fusille du regard, les bras croisés, les sourcils froncés. Mmmmh...

– Ah ? Et pourquoi ça ?

– Parce que c'est beaucoup trop facile.

Elle porte une robe légère, une soierie coupée dans le biais qui épouse magnifiquement la courbe de ses seins laissés volontairement nus. Alors que je la détaille ouvertement, je remarque à ses pieds une paire de Louboutin qu'il me semble avoir récemment offerte à une délicieuse escort du nom de Loti – si mes souvenirs sont exacts.

– Non, Loti, c'était une guêpière de chez Eres. Et tu as fini par la lui déchirer pour lui attacher les poignets avec.

– Ça vous a plu ?

– ...

Je l'ai mouchée et j'en profite un trop court instant : à droite de ses Louboutin, il y a une petite valise. Je lève aussitôt les yeux vers elle. Elle sourit. Je dis :

– Non.

Elle répond :

– Comme si t'avais le choix.

Soucieux de ne surtout pas filer droit, j'ai pris un train pour Toulouse-Matabiau et, une fois là, me suis présenté chez Avis. La jolie préposée au service de location a photocopié mon permis de conduire délivré à Zurich, mon passeport de résident helvète, et m'a tendu une pochette dans laquelle se trouvaient les clés d'une petite urbaine diesel à kilométrage illimité. Et puis j'ai pris l'autoroute, sur laquelle une poignée d'excités à véhicules commerciaux a tenté de me soumettre à sa propre vision du code de la route – avertisseurs, appels de phares majeurs tendus et bouche hurlant : « Moi, je bosse ! » De temps à autre, un bon coup de frein fait reculer le plus collant des abrutis. Il a tout de même fallu que je m'explique avec l'un d'entre eux dans les latrines d'une aire de repos entre Carcassonne et Béziers. À mon retour dans la voiture, Dionne m'attendait, assise sur le capot, la bretelle gauche de sa petite robe pendant sur son bras. Je suis monté, j'ai démarré et j'ai lâché l'embrayage alors qu'elle était toujours assise sur la carrosserie. Ça l'a fait marrer, cette grue !

Le check-in à l'hôtel était prévu pour 12 h 30. Je me suis arrêté à quelques kilomètres de Perpignan, dans un bled qui s'appelle Passa, et j'ai avalé un sandwich à l'ombre d'un figuier. La voix de scie égoïne du GPS – qu'entre nous j'ai surnommé Camille – m'a guidé de la frontière jusqu'à ma chambre de la Carrer Sepúlveda. Et j'ai ronflé comme un sonneur jusqu'à l'heure du dîner.

Je n'avais jamais mis les pieds à Barcelone. J'ai donc remercié l'hôtesse à l'accueil lorsqu'elle m'a remis un plan de la ville sur lequel apparaissaient principalement les McDonald's de la capitale catalane. J'ai quitté l'air climatisé de cet établissement qui dépensait plus d'argent pour rendre son hall d'entrée digne d'un salon scandinave que pour toute la surface réservée à ses chambres, et j'ai mis le cap sur les *ramblas* qui, dit-on, sont les bouteilles d'oxygène de toutes les grandes villes d'Espagne. En guise de poumon, j'ai trouvé une trachée surencombrée de touristes, comme autant de mucosités en T-shirts et bermudas, rampant sous la chaleur et se laissant distraire par une foultitude d'attractions internationales : peintres de couchers de soleil, caricaturistes à la chaîne, lanceurs de diabolos, vendeurs de sacs Gucci-Prada-Vuitton en croûte de porc. Et surtout, surtout, ceux que j'exècre le plus, les mimes stables, ces artistes imbéciles qui n'ont rien trouvé de mieux que de se déguiser en statues et qui forcent leur corps à ne surtout pas bouger, ce qui comble d'admiration les foules cosmopolites.

Au soir naissant, je me suis donc contenté de traverser ce boulevard mercantile dans le sens longitudinal, et me suis lancé dans la recherche pas très compliquée d'une gargote avec terrasse qui me servirait ma ration de tapas.

Enfin, épuisé par la route et deux tournées consécutives de San Miguel, j'ai pris un taxi et je suis rentré à l'hôtel. Je suis passé sous une douche tiède et, à peine sec, je me suis couché pour m'endormir derechef en songeant que demain matin, il fallait absolument que rooooooonrrrrrr…

Je saisis ma montre et j'allume la lumière, ce qui n'est jamais un bon moyen de consulter l'heure quand on est plongé dans l'obscurité depuis longtemps. Une fois mes pupilles suffisamment rétractées, j'arrive à distinguer les aiguilles : 1 h 30. Deux pintades sont en train de glousser dans la chambre voisine devant leur téléviseur qui beugle en anglais. Je ne suis pas un type facile à vivre, c'est sans doute pourquoi, nonobstant mon boulot, je ne partage mon existence avec personne. Au hit-parade des choses que je ne supporte pas, être réveillé en plein milieu de la nuit par des cons qui brament en se foutant éperdument de mon petit confort occupe la troisième place. Devoir me rhabiller pour aller mettre de l'ordre à côté en sachant pertinemment qu'ensuite je ne me rendormirais pas entre en quatrième position.

Il faut que je martèle huit fois leur porte avant que le son de la télé diminue. La jeune fille qui m'ouvre est très certainement adorable, sa copine pas moins. Mais à cet instant, je m'en contrefous. J'aurais pu choisir une posture décontractée à la Clooney. Je préfère me lancer dans une imitation d'un autre George : George C. Scott dans le discours d'introduction de *Patton*. Voix glaireuse, colère sous-jacente, répliques définitives qui claquent comme une bannière étoilée dans le vent. Pour conclure, je pousse le vice jusqu'à dévisager la demoiselle longuement avant de jeter le légendaire :

– *Now, you sons of bitches, you know how I feel !*

La bouche entrouverte, l'Américaine m'offre pendant quelques secondes stupéfaites un regard de veau en sevrage, qu'elle finit par tourner vers sa compatriote. Cette dernière prend alors le relais, s'approche en tortillant des hanches, s'excuse platement et m'apprend qu'avec son amie, elles comptaient sortir pour faire la fête, mais que bon… La bretelle de sa chemise de nuit glisse à point nommé et elle me sourit en tripotant sa lèvre inférieure. Je baisse les yeux bien malgré moi : silicone. Je me penche en avant, je saisis la poignée de la porte et je referme lentement.

Je me recouche trente secondes plus tard dans un silence monacal brisé en alternance par le passage de quelques ambulances dans la rue en contrebas. Alors que je décide de m'user les yeux en lisant, mes voisines sortent de leur chambre le plus silencieusement possible – ce qui, pour des Américaines, ressemble à une sorte de défi – et partent chercher un compagnon mieux disposé dans la chaleur de la nuit. J'enfile une quarantaine de pages du *Dégâts des eaux* de Westlake. À la quarante et unième, John Dortmunder vient d'apprendre que les 20 millions de dollars qu'il s'est engagé à retrouver pour un ami qui lui veut du mal sont enterrés dans un petit village nommé Putkin's Corners, et que ce village a été englouti sous vingt mètres de flotte après la construction d'un barrage quinze ans plus tôt.

Dans le couloir de l'hôtel, j'entends alors l'éclat d'une voix d'homme et les rires de pintades qui y répondent. Puis la porte d'à côté qui s'ouvre et claque. À travers le mur, je peux suivre en toute tranquillité les déplacements du trio du minibar aux lits, puis d'un lit à l'autre. Je leur laisse, allez, une demi-heure… et je décide qu'il est temps de marteler la cloison. Ce qui, de l'autre côté, produit comme réponse un très viril *¡ Cállate, cabrón !* accompagné d'un double fou rire spasmodique.

Ok.

Dans un premier temps, pour faire preuve de civilité, je referme mon livre, décroche mon téléphone et appelle la réception. Comme je m'y attendais, personne ne daigne répondre. Une chance : je connais bien le fonctionnement des hôtels. Dans un second temps donc, je descends.

Le desk est désert. Je passe derrière le comptoir, ouvre un tiroir et sors une carte magnétique vierge. Sur l'ordinateur, je déclenche le logiciel de réservation, je tape le numéro de la chambre 513 et j'en demande le code numérique. La machine me demande de passer ma carte dans le scanner. J'obtempère. Armé de mon passe, je reprends l'ascenseur et, au cinquième, je fais un détour par la casemate des femmes de ménage à qui j'emprunte une paire de gants Mapa roses.

Quand j'entre dans la chambre 513, les deux filles ne gloussent plus. Un bel Espagnol éructe dans le derrière de l'une d'elles qui étouffe de petits râles dans l'entrejambe de sa copine. Sur la télé, une chaîne allemande de *pay-per-view* diffuse une scène en tous points similaire. Le type m'aperçoit, mais c'est déjà trop tard. Je l'ai chopé par les cheveux, l'ai décroché de sa partenaire et, de ma main gantée, je l'agrippe solidement par les couilles. Il couine, les filles halètent, je tire l'amant magnifique dans le couloir et, sans le lâcher, je lui fais descendre les cinq étages par l'escalier de secours jusqu'au rez-de-chaussée.

Le réceptionniste, revenu à son poste pour on ne sait quelle raison, nous regarde passer en clignant des yeux. Sur le trottoir de l'hôtel, je pétris une dernière fois ma prise avant de la laisser s'envoler. Le dindon ne se fait pas prier. Il disparaît au premier coin de rue.

Je rends la carte de la chambre 513 sans faire le moindre commentaire. À la droite du réceptionniste, Dionne applaudit mon exploit et tend son pouce en l'air. Je lui renvoie mon majeur. Le réceptionniste prend ça pour lui. S'ensuit un grand silence embarrassé qui s'éternise. Enfin, j'arrache mes gants que je pose sur le comptoir et je demande à ce que l'on me change expressément de chambre. Le garçon consent enfin à reprendre une attitude dégagée, et farfouille dans son ordinateur :

– C'est-à-dire qu'à cette heure-ci, monsieur…

– Oui, il est effectivement 4 h 05. Mais je peux attendre. Je suis tout à fait réveillé.

Tellement réveillé qu'une heure plus tard, je suis dans la rue. Et puisque je n'ai rien de mieux à faire, je me dirige vers la vieille ville et le marché de la Boqueria. Non pas pour aller voir les maraîchers installer leurs stands, mais pour faire enfin un tour dans le quartier de Ramón Suñer Llanos.

– Il serait temps, Richard.

19

Les Prétoriens

Passatge de la Virreina 1, 08001, Barcelone, premier étage, porte gauche, appartement 7. L'adresse est dans mon répertoire crânien, le dossier dans mon coffre à Bordeaux. Je n'ai rien d'autre.

Carlos Llanos a choisi la page 28 : obstruction des voies respiratoires par apposition d'un oreiller sur le visage, jusqu'à étouffement complet de l'individu. Il aurait pu songer à quelque chose de plus sanglant, mais au vu de tout ce qu'il a laissé ces derniers mois comme preuves de la haine qu'il voue à son père, il a revu ses ambitions à la baisse et opté pour une mort plus « naturelle ».

La photo sur laquelle apparaît Ramón Suñer Llanos dans *La Bandera negra*, en compagnie de son comité de soutien, montre un homme très diminué par l'âge, assis sur une chaise, avec à ses pieds une petite bonbonne d'oxygène sur roulettes d'où part le tuyau d'un masque nasal qui lui barre le milieu du visage. Il semble souffrir d'un emphysème et peser une petite soixantaine de kilos tout au plus. Un travail qui ne nécessitera même pas une ceinture jaune de judo. Juste les vérifications qui s'imposent, suivies d'un modeste mais discret forçage d'huisserie.

À 6 heures, je traverse, l'air de rien, la Plaça de Sant Galdric dans laquelle débouche le Passatge de la Virreina. Là, c'est moi qui dois revoir mes ambitions. Un homme est là, les fesses appuyées contre le bâtiment qui fait l'angle de la ruelle. Il tient entre ses mains une console Nintendo d'où s'échappe à faible volume une musique synthétique. Régulièrement, son corps est agité de mouvements rotatifs comme si ces soubresauts pouvaient influencer le bon déroulement de sa partie de *Mario Kart*. Il relève la tête à mon passage et me suit du regard alors que je m'éloigne. Je m'offre un tour de quartier afin de trouver un endroit d'où je pourrai observer ce type en toute tranquillité et confirmer l'impression qu'il me donne. À mon retour dans les parages, je tombe sur un vieil immeuble dont la façade est étayée par de lourds chéneaux. Je m'y cache. Mario Kart n'est plus derrière sa console et a quitté son mur. Il navigue maintenant sur la place d'un pas nerveux, l'oreille collée à son téléphone portable dans lequel il éructe à voix basse en consultant régulièrement sa montre. Pour finir, il s'immobilise et lâche un très sonore :

– *¡ Fes-te fotre !*

Mon traducteur intégré en déduit qu'il doit s'agir là d'une version catalane de la locution interjective « Va te faire enculer ! ». Avec la même énergie, il rempoche le téléphone et file par la rue opposée. Je lui laisse cinq minutes pour disparaître totalement du quartier et je sors tranquillement de derrière l'échafaudage pour revenir à l'entrée du Passatge de la Virreina.

Le n° 1 se trouve à l'angle. La clenche de la porte d'entrée ne ferme pas, ce qui explique en partie la présence de Mario Kart au bas de l'immeuble. En entrant dans le bâtiment, je me demande si ici aussi il existe des comités de voisins vigilants, une pratique prétendument citoyenne qui commence à gangrener la France par le Sud-Est, avec les encouragements de la Gendarmerie nationale.

Une fois au premier étage et sur le palier de M. Suñer Llanos, je considère sa serrure. Contrairement aux autres appartements du palier, sa porte est équipée de deux verrous et d'une fermeture cinq points. Ce qui signifie trois choses :

1. Le père Llanos est un tantinet inquiet pour sa sécurité.

2. Mario Kart n'est pas un voisin vigilant, mais quelqu'un que l'on paye pour assurer cette sécurité.

3. Le correspondant avec qui Mario Kart était en train de s'engueuler tout à l'heure est sans aucun doute la relève de jour et, ce matin, elle est en retard. Soit le salaire du cerbère de nuit est trop bas pour qu'il accepte de faire des heures sup', soit cet homme est très rigoureux sur les horaires, ce que l'on reproche trop souvent aux fonctionnaires. Dans un cas comme dans l'autre, il ne faut pas que je traîne ici.

Je suis venu à Barcelone les mains volontairement vides, je n'ai sur place aucun contact pour me procurer le complexe appareillage d'un monte-en-l'air professionnel, il va donc falloir que je patiente un peu et que je me gratte l'occiput, beaucoup. Pour cela, je redescends et, selon les préceptes de l'école péripatétique d'Aristote, m'accorde une déambulation réflexive dans le voisinage.

Je me retrouve au milieu des va-et-vient du marché de la Boqueria, une bouteille d'eau fraîche à la main, à regarder passer les Philippins tractant leurs diables chargés de marchandises, tout en réfléchissant au faible taux de réussite potentielle de ma mission. Je quitte les lieux pour revenir étudier la topographie de la Plaça de Sant Galdric.

Il y a là deux restaurants fermés pour l'heure, un petit magasin de vêtements avec un appartement à vendre juste au-dessus, quelques arcades, un vaste portail donnant sur le Palau de la Virreina dont je ne sais rien. Et un type à lunettes noires et casquette des New York Yankees qui lit *El País* assis contre le pare-choc d'un camion de livraison.

J'avale la fin de ma bouteille en observant l'homme à la casquette. De sa place, il a une vue très dégagée sur l'entrée et la façade de l'immeuble de M. Llanos. Autrement dit, la relève de jour est arrivée. Tout bien considéré, le taux de réussite de cette mission n'est pas faible, il est juste égal à zéro.

À l'hôtel, ma requête a atteint les hautes instances. Dans un français irréprochable, une manager qui se prénomme Marcia m'annonce que l'établissement est navré de ce qui s'est passé cette nuit et que tout est actuellement mis en œuvre pour que l'on me change de chambre. Marcia se mordille néanmoins la lèvre en prenant une pose ennuyée comme on le lui a appris au cours du dernier séminaire sur la gestion des clients difficiles :

– Le problème, c'est que les check-out n'ont pas lieu avant midi, monsieur Dumont. Pour l'heure, nous n'avons de disponible qu'une seule chambre, plus petite que la vôtre.

– Dites-moi, mademoiselle Marcia : pourquoi, dans ce cas, vous ne refilez pas cette *plus petite chambre* à mes copines de la 513 et moi je garde la mienne ?

– Non, monsieur Dumont. Nous allons vous trouver une chambre à un étage différent qui donnera sur cour.

Un temps, elle farfouille dans son ordinateur avant de m'adresser un regard faussement emprunté :

– Je vois que votre réservation ne prenait pas en compte le petit déjeuner, c'est ça ?

– Tout à fait.

– Eh bien, nous vous l'offrons pour toute la durée de votre séjour. À midi, nous vous aurons trouvé une chambre, soyez sans inquiétude.

– Est-ce que la gratuité du petit déjeuner prend effet immédiatement ?

– Bien entendu. Il est servi jusqu'à 10 heures sur la terrasse extérieure.

J'ai connu des continentaux à la fin desquels vous pouviez vous rendormir pour une bonne sieste. Celui-ci affamerait un Éthiopien des années 80. Une fois mon assiette garnie d'un jambon apatride, d'un bacon proto-anglais et d'œufs industriellement brouillés, il me reste encore suffisamment de place pour de la nourriture qui n'est pas proposée. Qu'importe l'avarice, le rabiot reste possible, nous ne sommes pas surveillés et l'unique serveuse présente sur place est bien trop terrorisée par une famille d'Américains qui réclame haut et fort sa dose de café filtre pour s'inquiéter de l'amoncellement de denrées que j'entasse à répétition dans mon assiette.

Emmaillotée dans un peignoir éponge blanc, Dionne apparaît à l'entrée du restaurant, les mains dans les poches, les yeux tournés vers moi, le front sévère. Je lui fais un petit coucou qu'elle n'apprécie pas. J'aimerais me dire : « Dick, c'est juste une femme qui te colle un peu, mais regarde-la : n'est-elle pas magnifique dans ce peignoir ? » Je n'y arrive pas et ça me coupe l'appétit, là, d'un coup, alors que je suis en train de mastiquer un bout de gras qui me donne la gerbe.

20

Considérations sur Barcelone

À cette heure, je n'ai qu'un désir : désespérer Dionne. Je sais, c'est ridicule, mais c'est plus fort que moi. J'ai filé si vite de l'hôtel qu'elle n'a même pas eu le temps de se changer, et maintenant, je la sens dans mon rétroviseur mental qui me surveille, à distance, dix pas en arrière, les mains dans les poches de son peignoir en éponge. Non mais quelle gourde ! J'avais l'intention de filer sur Sant Galdric pour me mettre au boulot, eh bien que dalle, je me balade, je traîne, je profite.

En parcourant les ruelles – où, trop inquiété par les mises en garde de son si précieux *Lonely Planet,* jamais ne s'aventure le moindre touriste –, j'en viens d'abord à reconsidérer l'énorme prose de Montalbán, mon guide personnel. À force d'avaler les lamentations de Pepe Carvalho sur sa Barcelone défigurée par le progrès, j'avais imaginé cette ville déchiquetée par une génération entière d'architectes proprets. Or, du Barri Gòtic à El Born, je me délecte de ces venelles au-dessus desquelles on aperçoit à peine le ciel, de ces petites places où traînent encore quelques punks à chien et que traversent en courant des bataillons entiers de jeunes vendeurs à la sauvette africains, leur baluchon de marchandises sur l'épaule, alors que derrière la police joue tranquillement les voitures-balais.

Dans le quartier Raval, qu'on pourrait comparer au Saint-Michel de Bordeaux avant l'arrivée des hordes parisiennes, je tombe néanmoins sur une sorte de boîte à cotons-tiges géante qui fait office d'hôtel design de luxe au milieu des immeubles gâtés. Une assez curieuse verrue ultramoderne dont je saisis rapidement la présence métastasique. J'accorde pour finir le bénéfice du doute à Montalbán. Peut-être que oui, nos villes sont destinées à vieillir dans un rajeunissement forcené, comme les bourgeoises des beaux quartiers vont se faire mensuellement retendre la ride du lion au botox.

Barcelone l'ancienne s'offre donc à moi dans toute l'obscurité de ses ruelles rococo, met mon corps en état d'aérobie et me fait oublier la filature monomaniaque de Dionne. Lentement, je reviens à la Boqueria par la Carrer de Jerusalem. Je traverse à nouveau le marché, avec ses jus de fruits qui perdent la moitié de leur prix – mais pas leur valeur vitaminique – entre les stands en périphérie et ceux du centre.

Sur la place Sant Galdric, l'un des trois restaurants a ouvert boutique – parasols, tables, chaises et une enclave à même le mur, laissant à peine la place pour un cuistot et ses fourneaux. D'une porte adjacente, une grand-mère sort, portant à bout de bras une splendide *tortilla* qu'elle vient déposer sur le comptoir de la kitchenette. J'en déduis que la vraie cuisine se fait dans les arrières du bâtiment et qu'ici on réchauffe. Il est midi pétante. La gargote s'appelle Papitu et, de ma chaise, j'ai une vue imprenable sur les fenêtres du *señor* Suñer Llanos. Et sur le New York Yankee qui n'en finit décidément plus d'éplucher les colonnes d'*El País*, assis dans ma diagonale, contre la grille du Palau de la Virreina dont je ne sais toujours rien.

Des deux serveuses qui bourdonnent autour des tables, distribuant les menus et les cendriers, j'hérite de la moins dégourdie. Une gentille petite blonde que j'ai déjà vue à trois reprises se tromper dans ses livraisons de tapas et retourner honteuse au comptoir pour s'en refaire expliquer la destination exacte. Comme je lui demande quelques précisions sur les plats proposés, elle s'embrouille en voulant me faire plaisir, dans un français d'avant François Villon. À la fin, j'ai l'impression de mieux comprendre le catalan qu'elle et je me décide pour la *tortilla*, les *butifarras de huevo*, les *croquetas de la Mamá*, les *champiñones al ajillo* et des *boquerones fritos*.

– *¿ Una cerveza ?*

– *Si, por favor.*

– *¿ Grande ?*

– *Si, grande, gracias.*

Un sourire et la serveuse repart se planter dans la commande pour me revenir quinze minutes plus tard, très hésitante, avec trois assiettes qui ne sont pas pour moi et un verre de Cuarenta y Tres sur glace qui ne m'intéresse pas. Elle s'excuse. Je la trouve joliment touchante. Elle file au comptoir avec son plateau.

Un type vient d'arriver. Il a commencé par aller ouvrir la petite boutique de fringues voisine. Puis il est ressorti et s'est approché du comptoir de Papitu pour allumer un lecteur CD. Ont alors éclaté les premières mesures d'une variété espagnole qui n'aurait peut-être pas déplu à Camille. La petite serveuse maladroite a eu droit à deux bises sur les joues, sa consœur à un tendre baiser assorti d'une caresse sur l'épaule. Enfin, l'homme est allé saluer deux ou trois habitués avant de prendre place sur un tabouret haut d'où il observe maintenant son royaume. Il a une petite quarantaine d'années et ressemble comme deux pissenlits à une version *flamenca* de l'acteur Peter Stormare. À la suite d'une énième bourde, ma petite serveuse arrive sur lui comme une élève déjà punie, tendant son carnet de commandes. Le type s'en saisit, le consulte et, le plus calmement du monde, la réoriente vers la table d'un couple à l'autre bout de la terrasse. Elle a même droit à une petite blague qui la fait sourire. Il la suit du regard avec un air bienveillant avant de revenir à son bel canto par-dessus lequel il se met soudain à chanter d'une voix tonitruante, en secouant ses hanches. Un homme heureux que ce chef d'entreprise. Il m'aperçoit, m'adresse un clin d'œil, me désigne la serveuse et me fait comprendre que ma commande ne devrait plus tarder.

Elle tarde pourtant, mais j'ai le temps. Les fenêtres de Suñer Llanos restent désespérément closes, l'homme à la casquette ne bouge pas malgré le soleil de plomb qui a envahi cette partie de la place, la variété espagnole – quand bien même je refuserai de l'écouter chez moi – est en parfaite adéquation avec le décor et, à quelques mètres de là, le spectacle des chalands virevoltant autour des tonnes de jambons du marché reste très distractif.

Je passe toute mon après-midi sur cette terrasse en évitant scrupuleusement les regards assassins de Dionne qui, assise trois tables plus loin dans son peignoir, fume cigarette sur cigarette. J'avale encore une demi-douzaine de portions de tapas, puis j'écume lentement quelques bières qui, par capillarité dirait-on, assomment la vigilance de l'homme à la casquette. J'ai emporté avec moi quelques pavés touristiques qui accessoirisent convenablement ma table et, lorsque le soleil descend, j'ai terminé Westlake et j'en suis à la page 32 de *L'Homme de ma vie.* Pris dans l'engrenage de ce Montalbán métaphysique, je réagis mollement à la petite voix qui sonne dans mon oreille gauche :

– Le *padrón* invite toi pour une *cerveza* ou ce que toi vouloir… Tu vouloir un truc ?

Je redresse la tête pour découvrir ma petite serveuse. Elle est en train de renouer sa banane autour de sa jolie taille et, par-dessus son épaule, j'aperçois alors une silhouette sur le balcon du premier étage qui fait l'angle du Passatge de la Virreina.

Un vieillard y prend le frais. Uniquement vêtu d'un caleçon, son corps squelettique est penché au-dessus d'un journal qu'il lit en fumant un cigarillo. S'il n'a pas l'air très lourd, les mouvements de Ramón Suñer Llanos lorsqu'il se lève finalement et referme ses fenêtres derrière lui n'ont rien de souffreteux. Il y met même une certaine vigueur. Certes, ce n'est pas la grande forme, mais visiblement ce jour-là, le vieux franquiste n'a pas besoin de sa bouteille d'oxygène. L'occasion de constater aussi que son surveillant a changé de place et qu'il fait désormais le coin du bois devant la porte de l'immeuble, *El País* glissé dans la poche arrière de son jean.

– *¿ Señor ?*

– Hein ?

– Tu vouloir quoi comme truc ?

– Je…

Peter Stormare nous observe de son poste et quand je lui jette un regard, il lève vers moi son verre de mojito accompagné d'un beau sourire blanc.

La porte du Passatge de la Virreina 1 vient de s'ouvrir. Le New York Yankee se précipite pour la tenir. Un déambulateur apparaît, puis le vieillard qui le manœuvre. Suñer Llanos a revêtu sa panoplie de subclaquant à emphysème : la bonbonne en déport sur l'avant du véhicule, le masque nasal plaqué au visage. Il met un temps infini à franchir le seuil de l'immeuble, puis pivote sur sa droite et, suivi de près par son factotum qui observe à la dérobée le voisinage immédiat, il enfile la ruelle et disparaît de mon champ de vision.

– Je vais prendre un mojito, s'il vous plaît.

Qu'on ne se méprenne pas sur mes compétences et le sérieux de mon institution à bas prix. Contrairement aux autres commerces qui pratiquent le discount en réduisant fortement les coûts intermédiaires et partent de ce principe pour vous fourguer une camelote douteuse, je ne mégote pas sur mon travail. Je ne voudrais pas donner l'impression d'être ici en vacances sous prétexte que Carlos Llanos n'a déboursé que 159 euros TTC pour faire disparaître son père. Non, j'exerce avec prudence dans un pays étranger et je tiens à poursuivre l'endormissement de cet homme à la suspicion rétribuée qui accompagne ma future victime. Je prends donc un mojito et le pari que cette sortie impromptue n'est qu'un *paseo* de début de soirée, que d'ici une heure tout au plus Suñer Llanos aura rejoint son domicile et que, le soir arrivant, la relève de la garde aura lieu en ma présence.

Je suis en repérage.

Bon, oui, c'est vrai, je jette quand même un coup d'œil panoramique sur la terrasse pour voir ce que Dionne pense de ma justification. Elle n'est nulle part. L'aurais-je convaincue ou finalement déçue ?

– Cette dernière option te fendrait-elle le cœur, Richard ?

Et merde !

Je lève mon verre à la santé du patron qui prend ça pour une invite et s'approche en swinguant tranquillement sur un dub local vibrionnant.

– Vous appréciez cet endroit, on dirait.
– Je crois que je vais finir mes jours ici.
– Ça serait pas sympa pour mon établissement.

Peter Stormare s'appelle en définitive Abran Salamero. Nous discutons dans un français qu'il comprend suffisamment pour que je me permette quelques traits d'humour, et nous nous entendons à merveille. Ma petite serveuse tourne autour de nous comme un bimoteur cherchant une place dans un grand aéroport international, pendant que son patron devise sur la douceur de l'existence dans cet endroit du globe et me questionne sur ma présence ici. Je brode en suivant le canevas de mon identité momentanée : petit héritier d'une quincaillerie de la région Centre, de passage à Barcelone pendant qu'un notaire s'occupe au pays de la cession du magasin à une chaîne de restauration rapide. Ce qui, l'air de rien, m'amène à cette éminente question qui m'a traversé le cerveau lorsque Salamero est entré en scène :

– Vous vendez, vous aussi ?

Je désigne du menton l'appartement au-dessus de la boutique de vêtements. Pour ce que je connais des baux commerciaux français, ils comprennent généralement un appartement.

– Oui. Je vais racheter le local derrière mes cuisines pour m'agrandir et je ne me sers pratiquement jamais de ce studio. Je le prête à des copains de passage, mais la plupart du temps, c'est vide. Je pourrais louer à la semaine à des touristes, mais cette ville ressemble déjà trop à un catalogue de voyagiste. Ça vous intéresse ?

– À la rigueur, je pourrais vous proposer un échange avec ma quincaillerie de Chartres, mais l'appartement attenant est quasiment aveugle.

Salamero sourit et appelle la petite serveuse.

– Amor, tu peux nous en apporter deux autres, s'il te plaît ?

La fille débarrasse nos verres et part au réassort.

– Vous appelez toutes vos serveuses *amor* ?

– Non, juste elle. C'est son prénom.

Je fais mine de songer à quelque chose de très important, les yeux vers le petit appartement. Le temps que les verres reviennent et qu'Abran finisse une conversation téléphonique.

– En fait…

– L'appartement vous intéresse, c'est ça ?

– Pour être honnête, oui. Je suis descendu dans un hôtel sur Sepúlveda et…

– Vous êtes tombé sur des voisins bruyants.

– Vous connaissez ?

– Non, mais j'ai suffisamment traîné dans des hôtels moi-même pour savoir ce genre de chose. Je vous avertis, c'est spartiate et je n'ai pas nettoyé depuis la dernière visite.

Parfois, entre les hommes, il y a des petits lutins invisibles qui s'occupent de tout arranger pour que l'entente soit parfaite, cordiale, voire extracommunicative, et qu'en très peu de temps les choses se mettent en place. Et puis les petits lutins s'en vont sans qu'on les ait remerciés et les affaires sont faites, les marchés conclus.

Je lui parle d'une semaine tout au plus, il me parle de 500 euros avec demi-pension en terrasse, je prends un abonnement pour le repas du soir tant que j'y suis, et on se serre la main. Le second mojito m'a collé des fourmis dans les doigts de pieds, mais je trouve la force de m'extraire de mon siège, de prendre un taxi et d'aller vider ma chambre malgré toutes les ristournes que me propose le manager en poste à l'hôtel.

À mon retour chez Papitu, les petits lutins n'ont pas chômé. Mario Kart a pris son quart de nuit et les fenêtres du vieux sont ouvertes.

Quant au studio d'Abran Salamero, il donne d'un côté sur la terrasse de son restaurant et de l'autre sur le salon du vieillard qui, à cette heure, picore dans une assiette en ricanant devant un jeu télévisé. Sans même trop me pencher, je peux distinguer le détail de son repas : un *bocadillo* au jambon cru et frotté de tomate dont l'emballage papier porte le nom du restaurateur qui les fabrique – Can Conesa. C'est dire si nous sommes proches l'un de l'autre.

21

Alors j'observe

Voilà. Ça m'aura pris quatre jours pour m'approcher à distance raisonnable de ma cible. Dionne a eu vite fait de tirer les conclusions qui s'imposaient et, au matin du cinquième jour, alors que je sors de ma douche, je la trouve au milieu du studio, dans son peignoir. J'ai à peine le temps de m'essuyer qu'elle se lance dans une acrimonieuse séance de coaching :

– C'est de la merde, cette affaire. Aucune rentabilité.

– Dionne, attention…

– Tu la fermes et tu m'écoutes : à 159 euros, ça fait 39,75 par jour, soit un taux horaire brut à 5, sans compter l'Urssaf et les 500 euros de logement. Avec ce demi-smic, tu pourrais te dénoncer à l'inspection du travail, et aux prud'hommes tu te mettrais les juges du collège patronal à dos. Une véritable honte pour un entrepreneur qui prétend faire du social et qui paye au lance-pierre son principal employé.

– Ça y est, vous êtes calmée ?

– Certainement pas !

– Alors écoutez-moi bien, madame la conseillère en peignoir. Je vous ai jamais demandé de me suivre jusqu'ici. Je vous demande pas votre avis. En gros, je vous ai même rien demandé du tout, et surtout pas de me squatter les méninges. Jugez mes pensées et mes problèmes de névropathe si ça vous amuse, mais vos conclusions hâtives, je vous conseille d'aller les beurrer sur d'autres tartines. Sinon, je peux vous promettre que…

– Que quoi, gros malin ?

Je la regarde en soufflant par les narines avant de la planter là pour descendre déjeuner.

Comme si c'était aussi simple. Une fois assis sur la terrasse, je rationalise. Raisonnablement, je dois reconnaître qu'en continuant de la sorte, je risque de prendre goût à ce type de mission et qu'il me faudra alors revoir mes tarifications à la hausse si je veux pouvoir expatrier régulièrement mes affaires. Alors que j'accueille avec soulagement l'arrivée de mon double expresso, Dionne se campe devant moi, à contre-jour, m'obligeant à cligner des yeux pour la regarder. Elle a viré son peignoir et porte désormais un mini-short en jean et un T-shirt à bretelles blanc qui bâille sous ses bras.

– Ok, Richard, je me mêle pas de tes affaires parce que j'ai pas les compétences. Je vais te foutre la paix là-dessus, tu peux me faire confiance. Seulement, j'ai quand même un dernier truc à te dire : tu te démerdes comme tu veux, mais tu nous débarrasses de Suñer Llanos cette nuit et t'es au bureau demain. Vu ?

Demi-tour droite et elle s'en va à grandes enjambées en direction du marché. Je la regarde s'éloigner avec un petit pincement au cœur : habillée de la sorte, dans cette ville pleine de chaleur et d'Espagnols suaves, ne risque-t-elle pas de rencontrer un type moins compliqué que moi ?

J'appelle Carlos Llanos pour le tenir au courant de la progression de notre affaire. Il ne répond pas, je ne laisse pas de message. J'appelle Camille. Elle décroche à la cinquième sonnerie en baissant le volume de son CD, ce qui n'empêche pas Claude François d'envahir mon tympan pendant quelques trop longs dixièmes de seconde.

– Vous savez, Camille, j'ai lu récemment un article disant que l'abus d'un même genre musical peut créer une telle dépendance que le corps humain cesse de fabriquer les cellules reproductives destinées à conserver notre race à l'état de dominante.

– J'ai cinquante et un ans, et le seul homme par lequel j'aurais accepté de me laisser toucher est mort en 1978 dans sa baignoire. Aujourd'hui que la ménopause me colle d'insupportables bouffées de chaleur, j'entends communier du mieux que je peux avec le souvenir de cet amant qui n'aurait pas eu assez de dix vies pour honorer toutes ses fans. Je vous prie de ne pas juger ma religion. Elle n'est ni plus ni moins enviable que les autres.

– Je me fous des religions. Elles ne sont là que pour ralentir la progression des humains vers une vie meilleure, et votre petit Jésus de strass va faire fuir et ma clientèle et celle du Dr Braun.

– Détrompez-vous, monsieur Lapelouse. Malgré ma musique, l'agenda de la semaine prochaine est déjà bien chargé et d'ici ce soir, j'aurai entamé le lundi suivant. C'est votre absence prolongée qui va finir par poser un problème.

Pourquoi suis-je donc allé me chercher une conscience alors que j'avais déjà un chef de cabinet ? Si l'on considère que le monde court à sa perte, que les emmerdements pleuvent comme jamais sur les gens de peu et que Claude François s'avère être un puissant filtre dans tout ce potentiel, ma secrétaire est bien mieux taillée pour le rôle que ma délicieuse Dionne. Je demande à Camille de tenter l'expérience avec du Michel Delpech pour voir si, au moins, mes clients ont ou non une oreille attentive aux changements fondamentaux, et je raccroche quand elle se met à hurler à la conspiration culturelle.

Abran n'est pas là ce matin, Amor non plus. C'est la *señora* Salamero mère qui s'occupe de moi. Elle m'a râpé de la tomate sur deux tartines, découpé deux tranches de brebis, fait couler un café noir et offert un ramequin de confiture de cerise. Puis elle m'a laissé là pour partir faire ses courses sous la halle voisine.

Yankee a remplacé Mario. Malgré le handicap qu'ils font peser sur mon entreprise, leur présence me rassure. Tel un animal hors de son territoire, je trouve dans les habitudes de ce biotope d'accueil une série de repères qui vont me permettre de m'adapter.

J'ai veillé tard cette nuit. J'ai éteint la lumière de bonne heure, je me suis installé sur un petit tabouret en face de la fenêtre de Suñer Llanos et j'ai observé la bête en son antre. La bonbonne d'oxygène et le déambulateur jouaient les plantes d'intérieur dans un coin du salon et Ramón, quand l'envie le prenait, se levait le plus simplement du monde et, d'un pas certes pas très alerte mais étrangement glissant, allait quérir là un fruit, ici un quignon de pain.

Ramón Suñer Llanos lit actuellement et alternativement trois romans. C'est d'ailleurs ainsi qu'il a achevé sa soirée. Installé dans un fauteuil à télécommande dont il incline régulièrement les angles de détente, ses bouquins à portée de main, il parcourt un chapitre, referme, dépose et saisit le deuxième livre. Un chapitre, puis le roman suivant. Ainsi pendant près de trois heures. J'ai fini par comprendre qu'il s'agit de romans d'amour – habituellement reconnaissables à leurs couvertures très figuratives représentant, selon le ton, une femme seule et éplorée ou bien un couple nageant dans un bonheur épais que menace la présence d'un ou une rivale à peine masquée par un buisson d'épineux. Ce sampling littéraire semble beaucoup amuser M. Suñer. Il lui est arrivé à plusieurs reprises, après avoir lu les premières phrases du volume qu'il venait de saisir, de basculer la tête en arrière et de grimacer bouche ouverte. Parfois, un rire grumeleux atteignait l'entrouverture de mes fenêtres. J'en déduisais que le hasard, ou le parfait calibrage de ce type de publication, venait une nouvelle fois de faire concorder deux histoires totalement étrangères l'une à l'autre. Contre toute attente, Suñer Llanos m'est apparu comme un type heureux, prêt à jouir de plaisirs badins et modestes, donc pas forcément antipathique.

Dans la rue en contrebas, j'apercevais le petit écran de la console de son ange gardien, posté à l'entrée de l'immeuble. Je pouvais alors moi aussi pratiquer un exercice assez proche de celui de Llanos : alterner l'étude de leurs comportements face à deux distractions que tout opposait. Mais loin de me divertir, cette activité m'a permis de me rendre compte qu'il me faudrait une bonne dose de hasard pour trouver une fenêtre de tir suffisamment longue.

J'ai beau faire le malin face à Dionne, n'empêche que pénétrer chez Suñer Llanos, le tuer selon la méthode commandée et ressortir tient maintenant du Tétris temporel : une série d'événements de formes différentes et pas forcément ajustables, distribués par le dieu de l'aléatoire.

Ce midi encore, j'en ai des vertiges. Pour la première fois de ma carrière dans le discount, il va falloir que je prenne une décision critique. Arrêter ce cirque au déroulé impossible et rentrer chez moi avant de devenir chèvre.

– T'as dit quoi, là, Richard ? Tu plaisantes, j'espère !

Je ne réponds pas, mais je me demande si je ne suis pas en train d'apprendre à mieux connaître ma conscience et, partant, à savoir comment la manipuler.

22

Le Tétris

Lorsque Abran Salamero paraît enfin, le service de midi est bien avancé, Amor est toujours absente et je bénéficie du service sans faille d'une jolie Noire qui empile devant moi un trop grand nombre d'assiettes et de bières. Je n'ai rien à lui reprocher, j'ai consciencieusement commandé chacune d'elles. Le patron ne salue pas, il traverse la terrasse à la vitesse de l'éclair et s'enfonce dans l'arrière-cuisine. Sa voix résonne au bout de quelques minutes et se trouve rapidement en concurrence avec celle de sa mère. L'engueulade se répercute pendant un bon quart d'heure. Puis Mme Salamero s'éjecte du local en catapultant ses bras vers le ciel, et file vers un ailleurs moins électrique. Abran sort à son tour, allume une cigarette et serre les dents jusqu'au moment où un camion à plateforme entre sur la place, chargé d'un amoncellement de structures métalliques. Le taulier jette à l'équipage un œil qui se voudrait sombre, mais vu la distance qui les sépare, les hommes qui descendent de l'estafette ne s'aperçoivent de rien. Mieux même, ils s'installent en terrasse et font signe à la serveuse.

Ils sont quatre, en bleu de chauffe.

Abran s'approche de moi, les épaules voûtées, et prend place sur la chaise voisine :

– *¡ La concha de su madre !* Je me suis battu pendant six mois pour que la mairie retarde les travaux de canalisation qu'ils avaient prévu de faire ici. Six putains de mois, tous les matins. Je me suis même cassé le cul à passer des journées entières au siège du gouvernement de Catalogne. Je demandais pas grand-chose, juste qu'ils laissent passer la saison et qu'ils attaquent en octobre.

– Ça a foiré ?

– Foiré ?

– Ça n'a pas marché ?

– Si, ça a marché. Ils ont fini par entendre. Ils nous ont même dit qu'ils ne commenceraient pas les travaux avant début novembre. Résultat des courses, voilà !

Abran désigne le camion à plateforme et les quatre ouvriers qui ricanent en observant la serveuse dansant entre les tables pour aller transmettre leurs commandes.

– Ils vont percer la place ? Quand ?

– Mais non. C'est ces putains de propriétaires, là. Ils ont voté un putain de ravalement de façade y a trois mois. Ça commence aujourd'hui et j'ai appris ça hier soir. J'ai même pas pu savoir combien de temps ça allait durer. J'en ai marre de cette ville, je te jure. Tu crois qu'ils auraient pas pu nous le dire à la mairie ? Non. Pour quoi faire, hein… ?

Sa voix disparaît de mes écouteurs.

Je ne vois même plus ses gestes qui balaient l'air comme un ventilateur. Je ne regarde qu'une chose : le lieu qu'il vient de désigner. L'immeuble où ces « putains de propriétaires » ont voté leur « putain de ravalement de façade ».

Le n° 1 du Passatge de la Virreina.

– … leur saloperie de cité olympique, déjà, ça a tout foutu en l'air. Y a sept ans, quand ils ont commencé à parler de construire leur hôtel Vela, moi, j'avais un café là-bas. Mon premier rade. Les pieds dans l'eau. J'en étais fier. Ils nous ont fait lambiner pendant des années, on arrivait pas à savoir où ils allaient l'implanter, leur tour de merde. Et puis tout d'un coup, on a vu arriver les grues, les baraques de chantier et les avis de préemption. Qu'est-ce qu'on pouvait faire ? Ils avaient engagé Bofill, l'architecte de la nouvelle Barcelone. Un Catalan, rien de mieux pour emporter le morceau. Ils nous ont mis dehors pour une poignée de cacahuètes et ils ont tout rasé ! J'ai vu que tu lisais un bouquin de Montalbán. Montalbán, il est né à Raval. T'as été voir Raval ?

– Oui. Ils ont fait un joli hôtel tout neuf.

– Un joli hôtel, hein ? T'as été t'y balader autour de cet hôtel ?

– Non.

– Ben, t'aurais dû. Ils ont fait sauter tout un pâté de maisons pour le construire, et comme il restait un peu d'espace autour, ils ont créé une petite place, un truc à la con entouré de béton. Et tu sais comment ils l'ont appelé, cette putain de place ? Plaça Vasquez Montalbán. C'est pas un bel hommage ça ? Au beau milieu de ce quartier de crève-la-faim qui a vu naître l'un de nos plus fameux écrivains, ils chient cette merde et pour attendrir tout le monde, ils baptisent l'endroit Montalbán. Et pendant ce temps, les propriétaires de Raval, ils expulsent à tour de bras. Tu leur payes ton loyer, ils l'encaissent pas et prétendent que tu payes pas. Dans certains apparts, t'as même plus l'eau chaude, l'électricité fonctionne au 115, y a des fils dans tous les sens qui sont branchés sur des transfos de fortunes, avec les plafonds qui suintent. Je leur donne pas cinq ans pour foutre tout le monde à la porte et nous construire un joli quartier plein de verre et de béton.

Au milieu de cette logorrhée hargneuse, j'envisage soudain Raval comme une base arrière très envisageable pour mon activité. Ce qui me renvoie à mon observation de la nuit, donc à mon enquête, comme quoi, je n'ai pas besoin qu'on me colle au train pour bosser *consciencieusement.*

– Tu m'écoutes pas, hein ?

– Si, si, Abran, bien sûr que je t'écoute.

Je n'ai vu aucune valise dans l'appartement de Llanos hier soir, aucun signe laissant entendre que le vieux risquait de quitter les lieux avant l'arrivée des échafaudages. Si le dieu de l'aléatoire est finalement avec moi ce matin, il faut que je saisisse le coche sans tarder :

– Ils vont mettre combien de temps à monter leur bazar ?

– J'en sais rien. La journée, peut-être. Qu'est-ce que j'en ai à foutre ? C'est pas ça qui va faire fuir la clientèle. Mais dans deux ou trois jours, quand les souffleuses à sable vont débarquer, ici t'auras un centimètre de poussière sur les tables. Je peux commencer les *happy hours* tout de suite. Parce que la semaine prochaine, les gens, ils iront se rafraîchir de l'autre côté de la Boqueria. Et les proprios locaux, ici, ils s'en battent les *cojones* : ils ont tous une résidence secondaire quelque part entre Sitges et Montserrat, où ils partent s'enfermer pendant deux mois, loin de la cohue.

– Il te restera les soirées.

– Tu connais pas l'Espagne, mon gars. Comment tu crois qu'on a remonté la pente après la signature des premiers accords européens ? En se reposant le dimanche ? Jour et nuit ça travaillait, dans tout le pays. On est passés de l'Empire ottoman à la Grande Modernité en même pas vingt ans !

23

Et bing !

Malgré un repas arrosé, les gars ont bien bossé. À 18 heures ce même jour, je suis sur leur échafaudage qui est presque entièrement monté. J'ai revêtu un costume sobre, une perruque d'un blond germanique, un petit bouc belliqueux et j'ai accepté le casque de chantier obligatoire que me tendait à regret le chef d'équipe, après avoir raccroché son téléphone. Dans un anglais salement handicapé par des études trop courtes, il me demande si ma visite va durer longtemps. Je lui réponds avec un puissant accent teuton que ça dépend du travail que ses hommes et lui ont réalisé aujourd'hui. Et j'en rajoute une couche en lui disant que comme tout bon inspecteur des assurances, j'ai longuement observé leur repas du midi, liquéfié à la bière locale, ainsi que le sympathique apéritif qu'ils se sont offert à la pause de 16 heures.

Moins de quinze minutes plus tôt, il faisait encore le malin.

– Votre visite n'était pas prévue, monsieur Dortmunder. Les experts ne doivent passer que demain.

– En ce qui me concerne, demain je serai rentré chez moi et j'aurai rassuré ou inquiété mon client sur la solidité de votre échafaudage. Sir Savoy est très dubitatif sur la capacité réelle des travaux publics espagnols.

– Je vais téléphoner à mon entreprise pour les avertir, mais je crois qu'il va falloir attendre demain, monsieur.

La conversation téléphonique a duré un temps. Agrippé à mon attaché-case de circonstance, j'ai capté un certain nombre d'injures dans l'entretien qu'avait mon homme avec son patron. Il a finalement posé la main sur le micro de son appareil et m'a demandé :

– Comment vous dites qu'il s'appelle, votre client ?

Sir Savoy est résident britannique et propriétaire d'un appartement au deuxième étage, juste au-dessus de celui que loue le *señor* Llanos à la *señora* Vásquez. Il est inscrit au registre du cadastre qui, comme en France, est consultable aux archives municipales par n'importe quel citoyen. J'y ai moi-même perdu quatre bonnes heures, après que Salamero a eu finalement abandonné ses râleries pour aller s'occuper du repas de midi.

L'ouvrier m'a donc tendu un casque, m'a demandé combien de temps allait durer mon expertise, j'ai fait ma remarque sur la légèreté avec laquelle son équipe et lui avaient travaillé, et à 18 heures, me voilà perché en sa compagnie sur le second étage de leur échafaudage parfaitement bien ancré au bâtiment. J'ai sorti de ma mallette une copie des plans de l'immeuble et maintenant je prends des notes ainsi qu'une longue série de photos des différentes corniches et corps de garde. Puis je pointe un doigt accusateur sur un éraflement providentiel de la pierre, à mi-distance entre deux fenêtres.

– C'est quoi, ça ?

– Hein ?

– Ce trou, là.

– C'était là quand on a commencé.

– Allez me chercher l'état des lieux, je vous prie.

Le type hésite, s'approche du trou, y passe plusieurs fois le doigt comme s'il possédait un pouvoir spécial capable d'agir sur la résilience des matériaux.

– Je préfère vous dire que si c'est votre entreprise qui est responsable de cette dégradation, vous pouvez remballer votre échafaudage tout de suite.

Le pouvoir supposé du chef d'équipe n'étant visiblement pas au mieux de sa forme, il expulse par les narines un gros jet de haine et se dirige à grands pas vers l'échelle, faisant résonner dans toute la structure le poids de son irritation.

Il n'a pas atteint le bas du chantier que j'ai déjà déboulonné à la clé anglaise un montant diagonal de la passerelle. Quand il remonte, mon appareil photo en main, je suis en train de mitrailler le trou providentiel. Il feuillette son bordereau et finit par me le planter sous le nez :

– Vous lisez l'espagnol ?

– Non.

Le type est saisi d'une crise de bruxisme. Comme il est prognathe, l'effet est complètement raté : il souhaite exprimer sa colère mais on dirait qu'il se marre. Je tempère :

– Je vais tenter de vous faire confiance.

– *¡ Cabrón !* C'est marqué là : dégât d'usure sur le montant de la pierre n° 27. C'est celle-là la pierre n° 27.

– Qu'est-ce qui me le prouve ?

– Bon, ça commence à bien faire maintenant. J'ai perdu assez de temps comme ça.

– Vous voulez vraiment me mettre de mauvaise humeur ? Parce que je peux très bien décréter que je ne vous crois pas et que vous faites exprès de mal traduire ce document. Il faudra alors attendre que votre patron se déplace lui-même pour venir m'assurer de l'exactitude de vos dires. Et là vous comprendrez ce que veut dire perdre son temps.

Nous nous regardons comme deux mouches posées sur le même chiotte. Puis il fait demi-tour et me plante là. À nouveau, ses pas lourds font trembler la structure. Lorsqu'il rebondit sur l'échelle, la barre que j'ai déboulonnée se décroche tranquillement, entame un mouvement de balancier qui s'arrête un mètre plus bas, dans une fenêtre dont les deux vitres explosent.

…

Le silence qui suit est encore de Dick Lapelouse.

24

Une course et une escalade

Maintenant, je cours.

Il est trois heures du matin et je cours dans les rues de Raval en direction de l'arrière de la Boqueria. Dans ma main, une console de jeu Nintendo qui affiche : *Game over* et sifflote une petite musique très agaçante. Sur mes talons, le propriétaire de la console. Mafflu, lourd sur ses jambes, mais sanguin et particulièrement frustré par l'interruption momentanée – du moins l'espère-t-il – de sa partie de *Mario Kart*. Je pense qu'il me broiera sans pitié entre ses doigts, me sortira la langue avec les dents et m'arrachera le cœur avec le premier outil un peu tranchant qu'il trouvera à sa portée.

Donc je cours comme un dératé, de l'adrénaline plein les mollets, je tourne le coin d'une rue, je fonce vers les containers à poubelles du marché et je disparais derrière. Ma main panique un peu en tâtonnant le sol dans l'obscurité alors que mes oreilles enregistrent les derniers pas précipités de mon poursuivant. Je trouve ce que je cherchais au moment où Mario apparaît à l'angle de ma colonne de poubelles. Le son que produit mon corps en se redressant l'alarme, il a un mouvement de recul, mais un pouième en retard. La batte de base-ball en aluminium que je me suis procurée au rayon sport du Corte Inglés lui entre dans le nez en ravageant tout sur son passage. Je le traîne sous les containers, lui fais les poches, le déleste de son téléphone portable et abandonne bien en évidence un portefeuille vidé de ses richesses. C'est qui Super Mario maintenant, hein ?

À Sant Galdric, la paix règne sur la terrasse pliée de Papitu. Je me faufile sur l'échafaudage et atteins le premier étage à la vitesse d'une enclume poursuivie par un clou. Le moindre de mes mouvements fait cliqueter l'armature métallique. C'est d'un chiant consommé. Lorsque j'arrive, au bout d'un siècle et demi, devant les fenêtres de Ramón Suñer Llanos, les vitres ont été remplacées par un film plastique scotché aux montants par les quatre ouvriers, tout ça sous les hurlements injurieux du vieux. De mon côté, je remplissais mes documents d'assurance, tranquillement installé dans la camionnette de l'équipe.

Je décolle le ruban adhésif avec une précaution de nonne à la toilette. Le film glisse, dans un silence à peine brouillé par la sirène d'une voiture de police filant sur les Ramblas. La poignée tourne sans un bruit, la porte-fenêtre est plus retorse et s'écarte du chambranle en tremblant. Je reste suspendu entre l'échafaudage et l'intérieur dans l'attente d'un mouvement. Mais rien. Alors je pose le pied sur le plancher.

Le déambulateur et la bouteille d'oxygène sont toujours à la même place, un déguisement abandonné à quelques pas de la porte d'entrée, tout comme, dans le studio d'en face, dorment ma perruque et mon bouc. Les résidus de lumières urbaines qui montent jusque-là me permettent de distinguer un intérieur riche en bibeloteries diverses et indatables. Quelques meubles de valeur. Un salon en cuir délaissé au profit du fauteuil télécommandé dont l'appuie-tête est patiné par une croûte, mélange de vieux sébum et de transpiration. Sur le guéridon qui le jouxte, les trois romans qui font la joie de Llanos. Les titres onctueux d'un auteur prolifique nommé Corín Tellado : *Te acepto como eres*, *El Engaño de mi marido* et *Fin de semana*.

Avec les plans de l'immeuble, j'ai pu me faire une idée de la distribution des pièces de chaque logement. Mon seul problème, c'est que je n'ai pas pu déterminer où se situait la chambre de Llanos. Un couloir coupe l'appartement et dessert trois portes. En y entrant, je manque de trébucher sur une paire de patins en feutrine qui éclaire soudain mes questions sur la démarche glissante de Ramón. La porte devant laquelle ils sont garés est fatalement celle de la chambre. J'en déduis que celle-ci est moquettée.

Croyez-en ma pratique, pénétrer nuitamment dans une chambre habitée n'est jamais agréable. Les odeurs d'hommes endormis sont pestilentielles, et ce, qu'ils soient riches ou pauvres. Celles des femmes présentent le net avantage d'être masquées par les fragrances de leurs crèmes hydratantes. Mais une pièce renfermant un vieux qui sommeille est à elle seule une expérience olfactive que rien ne dépasse.

La chambre de Suñer Llanos ne pue pas, elle sent la déchetterie d'un institut médico-légal indien en panne de climatiseur. C'est épouvantable. Si je n'avais pas vu ma cible, en cette fin de journée, bramant à sa fenêtre après les ouvriers, je daterais sa mort à plus d'une semaine. Mais Ramón respire. Ça râle, ça refoule des fleuves de glaires, et le chemin que suit son souffle entre ses poumons et sa gorge doit se charger de toute une flopée de miasmes en décomposition pour sortir vicier l'air à la manière d'un haut-fourneau. Une chance pour les voisins qu'il ne dorme pas les fenêtres ouvertes, il ferait crever toutes leurs plantes et la quasi-totalité de leurs animaux domestiques.

Ramón Suñer Llanos dort sur le dos, la bouche grand ouverte. Ses dents se trouvent à un mètre de lui, implantées dans une gencive synthétique noyée au fond d'un verre à whisky, sur la table de nuit. Je l'observe dans le faisceau tamisé de ma torche miniature. C'est dommage que le visage d'un homme ne trahisse pas les horreurs qu'il a pu faire dans sa vie, ça serait si simple. On pourrait facilement classer les gens : les Gandhi d'un côté, les Pol Pot de l'autre, et au moment de leur coller un oreiller sur le museau, on saurait à quoi s'en tenir. Seulement voilà, de grands penseurs sont venus troubler nos idées primaires et nous n'avons plus à notre disposition cette bonne vieille méthode que constituait le délit de sale gueule.

– Aurora, Aurora, ne t'en va pas…
Ramón Suñer Llanos vient de parler.
En français.
Maintenant, il sourit.
Puis il ouvre les yeux.
Et me regarde.

25

Ramón Suñer Llanos 1919-2013

Et je reste comme un pauvre con, suspendu au-dessus de son visage, ma lampe-stylo coincée entre les molaires, mon oreiller entre les mains. Je ne sais même pas comment je fais pour voir surgir le couteau.

La lame décrit un arc de cercle à l'endroit où je me tenais encore une demi-seconde plus tôt. Puis Llanos la ramène, brandie à deux mains, contre sa poitrine. Sans quitter son sourire vide.

– Alors, fiston ? Toute cette longue journée de travail pour en arriver là, ça doit te coûter, non ?

Comme je semble incapable de lui répondre, il déploie un bras maigre vers sa lampe de chevet et allume la lumière, une minuscule auréole jaunasse qui semble avoir du mal à percer l'obscurité. Dans cet éclairage, Ramón Suñer Llanos ressemble au téton d'une vieille nourrice, desséché, tirebouchonné sur lui-même, pendant sur l'aréole.

Pourquoi me paralyse-t-il donc à ce point alors que je n'ai qu'un pas à faire pour lui arracher son arme ? J'en ai pourtant vu des cas curieux, des morts qui se redressaient comme dans le climax des pires *slashers* et me saisissaient par le col avant de retomber inertes. Des types qui se mettaient à courir en pissant le sang de partout et qui s'enviandaient un obstacle mal négocié. Des femmes qui continuaient à hurler alors que leurs cordes vocales pendaient sur leur gorge comme une guirlande de ventrêches. Mais là, je dois avouer que face à ce vieillard, mes mains agrippées à mon oreiller, je suis dans l'incapacité de me remuer.

– Tu ne réponds pas parce que tu as peur. Tu as peur parce que je te parle en français. Et tu te dis : « Si je lui réponds, il aura raison. Il aura raison parce qu'il sait que je suis français. Parce qu'il sait qui je suis. » Tiens, prends ça et fais ton office. Mon cardiologue ne m'a pas laissé plus d'une saison et je n'ai plus de plaisirs. Autant en finir tout de suite.

Il me tend son couteau, une lame navaja de six pouces, effilée jusqu'à la garde par des décennies de rémoulage. Je ne bouge toujours pas. Je ne parle pas. Je ne comprends rien. Je regarde la scène, c'est tout.

– Je t'avertis, tu ne me tueras pas autrement. Je veux bien en finir maintenant, mais selon ma volonté. Pose cet oreiller et prends ce couteau.

Je me fais l'impression d'être un chat perché en haut d'une branche et qui résiste à la main tendue du pompier. Et plus ça va, plus mon pompier sourit et plus l'absence de ses dents me menace. Au bout de mille années d'immobilité, je fais un pas vers lui, je saisis le couteau, il ferme les yeux, soulève sa poitrine, je jette le couteau au loin, il ouvre les yeux, et je plaque mon oreiller contre son visage à nouveau hilare.

Il ne remue pas, ne proteste pas, comme s'il voulait jusqu'au bout m'affoler. Alors je reste sur lui, comme ça, pendant plus d'une heure, à m'en faire péter les veines du cou.

Quand enfin je me décide à lâcher prise, Suñer Llanos ne se résume plus qu'à ce trou béant, autour duquel les plis de ses lèvres font penser à un anus.

Mon corps me fait mal, mes muscles me lancent et j'ai plus de crampes dans les doigts que de doigts dans les mains. Il est 4 h 30. Il faut que je parte d'ici avant que le marché de la Boqueria ne reprenne vie. Je replace la tête de Ramón sur son oreiller, glisse le couteau à l'endroit où je présume qu'il le cachait – entre le matelas et le sommier ? –, referme la porte de sa chambre, recale les patins l'un contre l'autre, et je retourne dans le salon.

En balayant le décor dans le faisceau de ma lampe, mon attention est attirée par les quelques photos que l'on a coincées, en désordre, dans le cadre d'un miroir mural séparant les deux fenêtres. Elles ne sont pas nombreuses et aucune d'elles ne laisse entendre qu'un jour cet homme a pu avoir une famille. Il n'y a que des images de Ramón seul, à différents moments de sa vie, dans différents lieux, sous différentes latitudes. En les regardant l'une après l'autre, je me dis que personne n'a jamais tenu l'appareil qui les a prises. Il avait un trépied, toujours réglé à la même hauteur, il déclenchait le retardateur et reculait.

Avant que le halo de ma lampe ne quitte le miroir, j'aperçois un dernier cliché, en partie glissé sous la baguette de l'encadrement, dans l'angle. Je l'attrape du bout de mes gants et le ramène dans la lumière. Ce sont des photomatons, noir et blanc. Les deux derniers d'une série, si j'en juge par la petite déchirure régulière qui frange le haut du papier. Ramón, entre quarante et cinquante ans, dans un costume sombre. Derrière lui, le rideau plissé d'une cabine classique. Il sourit, différemment sur les deux portraits, mais on sent qu'il ne se force pas. Peut-être y a-t-il quelqu'un, de l'autre côté de la boîte, qui lui raconte une blague destinée à lui faire tenir ce sourire naturel.

J'ai déjà vu ces photos.

En mettant le pied sur l'échafaudage, je décide que ça ne peut être que dans le dossier de Carlos.

Niveau -3

JAVIER TENAGUILLO Y CORTÁZAR

26

Panique

Deux heures durant, elle reste là, immobile au bout de mon lit, à me regarder alors que je me tords dans tous les sens, que je m'enfouis sous les draps, que je fais tout mon possible pour ne pas la voir. Le pire, c'est qu'elle ne me dit rien. Elle me regarde et c'est tout. Je finis par craquer, j'allume la lampe de chevet et je lui lance :

– Quoi ? Qu'est-ce que vous avez ? Pourquoi vous êtes là, à me regarder ? J'aime pas qu'on me regarde sans rien dire. Vous croyez que c'est agréable ? Je vous avertis, Dionne, si…

Elle pleure.

Je ne m'en suis pas rendu compte tout de suite, mais elle pleure. En silence. Une femme qui pleure, c'est atroce pour un homme tel que moi. Ce n'est pas ma seule faille, mais celle-ci est profonde : ça me gèle. Ça m'angoisse, ça me dépossède de mes moyens, je n'ai même pas un mot qui me vient. Je ne veux pas voir ça. Ce n'est pas possible. Pas maintenant. Et surtout pas venant d'une femme que j'ai sortie de nulle part pour qu'elle vienne me hanter aux pires moments. Je lui dis :

– Je veux pas me poser de questions. Vous comprenez ça ? Pas là, pas à cette heure-ci, pas après ce qui vient de se passer. Alors laissez-moi tranquille.

Je me retourne, j'éteins la lumière et, en guise de conclusion, je maugrée :

– Devriez être contente, j'ai obéi à vos ordres : on rentre demain.

Dehors le soleil commence à percer les volets. Je m'endors sans plus penser à rien – faut savoir être ferme dans la vie – et me réveille à midi, pour le premier service.

Je retrouve une Amor très en forme, donc considérablement stressée par la terrasse affamée. Abran prend le soleil en lisant un tabloïd au coin de l'enclave de la kitchenette dont sa copine a pris les commandes. Les plats partent à un rythme effréné, il surveille la manœuvre d'un œil routinier et, lorsque j'arrive, il me propose la dernière table vacante : un tonneau portant sur son flanc le nom du restaurant.

– On dort bien ici, non ?

Assise sur les marches du Palau de la Virreina, Dionne a revêtu un immonde jogging rose, capuche sur la tête. Dans un premier temps, quand je l'aperçois, je me dis que c'est bien l'apanage des belles nanas de se permettre, une fois de temps en temps, des accoutrements aussi ridicules. Dans un second temps, malgré la distance qui nous sépare, je me rends compte que derrière ses grosses lunettes noires, elle ne me quitte pas des yeux.

– On dort très bien, en effet. Je comptais sur le chantier pour me réveiller…

– Ouais, je sais pas ce qu'ils foutent. Y a les pompiers qui sont passés tout à l'heure.

– Pour quoi faire ?

– J'en sais rien. Je crois qu'y a un vieux qu'a claqué dans la nuit. J'espère que c'est l'autre *cabrón* du premier. Il a encore gueulé comme un putois hier parce que les ouvriers lui avaient pété une de ses fenêtres. Ce salopard a essayé au moins deux cents fois de me faire fermer depuis qu'il est là. On va peut-être avoir la paix. Enfin, si c'est lui.

Amor passe et m'offre un sourire tout timide. Abran me regarde :

– Qu'est-ce que tu ferais d'elle ?

– Elle me donnerait l'impression de m'être un peu amélioré avec l'âge.

– Elle a un copain.

– Tant mieux, qu'elle le garde.

La mère Salamero passe à côté de nous avec sa quotidienne *tortilla*. Abran tend la main vers elle, elle fait un pas de côté, il lui saisit le nœud de son tablier, tire dessus, elle râle, lui tape sur la main, sourit, il la prend par la taille, la serre contre lui, l'embrasse sur la joue, lance une vanne à sa copine qui se moque d'eux… Si mon cynisme était au beau fixe, cette trop belle scène urbano-champêtre me ferait penser à une pub des années 80 pour Barilla. Mais soudain, c'est comme si Barcelone venait de s'ouvrir en deux, au milieu de cette place, et m'y avait aspiré.

– Oh ! Richard ! Y a un truc qui va pas ? T'es tout pâle !

Abran est devant moi, mais je ne le vois plus. C'est une silhouette dans une ribambelle d'autres silhouettes, et il faut que je calme le carrousel avant de me retrouver collé aux parois. La seule qui soit nette au milieu de cette tempête visuelle, c'est Dionne, là-bas, sur les marches du palais. Elle ne bouge pas. Elle me regarde.

– Excuse-moi, il me faut… Il me faut de l'air… Je reviens…

Je me lève du mieux que je peux, je me dirige vers l'escalier, j'ouvre la porte du studio, je me précipite sur mon sac et mes doigts cherchent le contact avec la photo. Je l'ai enfermée dans la poche à zip sur le côté, je le sais très bien, mais je n'ai pas envie de la trouver. Je la trouve. Je ne veux pas la regarder, mais je la regarde. Je n'ai pas envie d'appeler Carlos Suñer Llanos mais je l'appelle.

Je n'ai pas envie qu'il décroche et il ne décroche pas.

Une heure plus tard, je suis sorti de Barcelone en suivant scrupuleusement les indications de mon GPS. Je me suis lamentablement excusé auprès d'Abran qui a refusé mon argent quand je lui ai expliqué que j'étais diabétique.

– Mais je vais t'amener à l'hôpital !

– Non, Abran. Ça va aller, c'est juste une alerte. En général, ça se déclenche dans les soixante-douze heures qui suivent et il me faut des soins spéciaux. Je suis allergique à tout un tas de trucs. Si je fais un coma ici, l'hôpital risque de faire une connerie. Il faut que je voie mon toubib.

– T'es sûr que...

Ouais, Abran, je suis sûr. Et je suis désolé aussi.

J'atteins Bordeaux à la nuit tombée. Mes mains n'ont pas cessé de trembler depuis que j'ai posé mes pneus sur la rocade. Je dois m'y reprendre à quinze fois avant d'ouvrir toutes les serrures qui conduisent à mon bureau, réfléchir très lentement pour ne pas me tromper plus de deux fois dans le code de mon coffre, dont j'ai littéralement arraché le protecteur Lichtenstein. Je renverse à moitié le dossier de Ramón Suñer Llanos et, à même le sol, je fouille. Deux fois, huit fois, mille fois. Rien.

J'appelle Carlos.

Répondeur.

Je lui demande de me rappeler de toute urgence. Je n'ai pas besoin d'insister sur le mot « urgence », il sort de moi sans même que j'aie à y penser.

Et je sais combien Carlos Llanos va apprécier la panique dans ma voix, combien il va la goûter, longuement, avant de décider si oui ou non il me rappellera.

Qui est ce type ?

Qu'est-ce qu'il me veut ?

Je n'en sais foutrement rien, mais une fois passé le pont d'Aquitaine, j'ai la certitude qu'il prépare son coup depuis trop longtemps.

– Dionne ?... Dionne, je sais très bien que vous êtes là ! . Dionne ! S'il vous plaît... !

27

Je remonte

Les villes passent sur les panneaux indicateurs, je double des files entières de camions qui se mettent en remorque dans le vent déplacé par leur caravane. J'évite les quinze premiers radars, mais passé Poitiers, je fournis au Trésor public quelques très beaux clichés de ma course vers Paris. J'arrive sur le périphérique au moment où l'engorgement matinal se dilue lentement vers le siphon de la capitale. Porte de Clichy, je me rabats et je file vers la rue d'Alsace où plus une place n'est disponible. Je cherche un parking, trouve un parking, tourne en rond dans ce parking jusqu'à une place libre au troisième sous-sol. Et maintenant que je suis là, ça me reprend : je n'ai pas envie de détacher ma ceinture, mais je la détache quand même.

J'aimerais que la rue d'Alsace n'ait jamais existé, mais l'Alsace a fait tellement de victimes au cours des deux derniers siècles qu'on ne peut pas en vouloir à Clichy. J'aimerais que la rue d'Alsace s'arrête au n° 21, mais il y a bien un n° 23. J'entre. Je ne prends pas l'ascenseur parce que c'est la seule chose que je peux encore décider. Je monte jusqu'au sixième étage, le plus lentement possible, mais chaque chose a une fin. Il y a deux portes au sixième étage. Je voudrais frapper à celle de gauche et qu'une femme, belle, endormie, ou un ami perdu de vue depuis des lustres m'ouvre et m'accueille en poussant des cris de joie. Qu'on fasse l'amour ou qu'on parle du bon vieux temps pendant des heures en buvant de la mauvaise bière. Mais je n'ai jamais eu d'ami ici, ni la moindre copine.

Je pose mon doigt sur la petite sonnette de la porte de droite. Je voudrais m'arrêter de respirer, mais je suis trop essoufflé. Alors j'appuie, le timbre résonne de l'autre côté du panneau en bois creux et j'entends, depuis sa cuisine, ma mère demander comme elle l'a toujours fait :

– C'est qui ?

28

L’enveloppe rose

Je me contrôle. Je décide que pour la première fois depuis mon départ de Sant Galdric, je suis tout à fait maître de ma personne. Je respire quand je veux et comme je veux, je prends le temps que je veux et j’en dispose comme bon me semble. Et je suis certain de me tromper. À peu près.

J’ai fait un travail considérable sur moi-même au cours du dernier quart d’heure. J’ai accepté que ma mère me fasse des reproches sur mes poils de barbe, sur le manque de soins apporté à ma peau, sur le manque d’égards apporté à mon alimentation, sur le manque tout court que je lui inflige en ne venant pas assez la voir, en téléphonant trop peu. Puis j’ai accepté qu’elle m’embrasse à nouveau sous prétexte que ma dernière visite remontait à quatre ans, sept mois et quatorze jours. Enfin, j’ai accepté d’avaler un café et d’inventer un prétexte boiteux pour justifier ma présence ici de bon matin.

Je lui ai dit que je voulais revoir ma chambre.

Ce qui est un demi-mensonge métonymique qui fait toujours plaisir. Je prends sur moi de ne pas l'inquiéter en restant à table avec elle, dans cette si petite cuisine où j'ai avalé un nombre considérable de calories tout au long de ma jeunesse.

Ma mère est vieille, terriblement, je ne sais même plus son âge. Elle fait des efforts subliminaux pour ne pas laisser éclater sa joie, ni fondre en larmes, ce qui l'oblige à quelques déplacements désordonnés vers ses placards où sont stockées ses collections de gaufrettes, de cigarettes russes, de spéculoos, de langues-de-chat, son évier où il faut impérativement laver deux petites cuillères, son four où rien ne cuit mais tout de même, le vide-ordures où bascule un bout d'essuie-tout qui aurait pu se contenter de la poubelle.

Ma mère est vieille, mais c'est une femme. Des hommes, elle s'approprie les bons moments comme on vole une orange sur l'étal d'un épicier. Une fois l'orange avalée, il faut se rendre à l'évidence : ça ne nourrit pas.

– Bon, Richard, qu'est-ce que tu veux ?

Elle a dit ça en souriant. Ça m'évite de jouer la surprise. Passé un certain âge, on ne ment plus à sa maman. On essaye mais c'est complètement hors de propos. Par contre, on peut prendre son temps pour répondre. Je touille mon café alors que je ne prends jamais de sucre et je demande, le nez au fond de ma tasse :

– Je voudrais voir la valise à photos.

Élise Lapelouse sourit. Petitement. Pour moi. Elle ne m'a pas posé de question sur ma vie, elle ne le fera pas, encore une fois. Elle ravale sa déception et puis se lève.

Dans le salon, qu'elle a changé il y a quinze ans en rachetant à bas prix les meubles des voisins qui partaient en province, elle dépose la valise en aluminium sur la table et me laisse l'ouvrir en prétextant que les fermoirs sont un peu trop durs pour ses doigts.

Ma mère n'a eu qu'un fils, parti trop tôt de la maison et qui ne lui a donné aucun petit-enfant. La photo la plus récente date d'il y a quelques années, dans la cour de son immeuble, un pique-nique organisé par le syndic de copropriété. Celle qui vient juste après dans la chronologie de l'album de famille me montre à dix-huit ans, au moment où je pars faire mon service militaire. Ma mère m'arrive à l'épaule, j'ai les cheveux sous les oreilles et l'Instamatic est tenu par ma tante. À partir de là, je suis littéralement mitraillé. Des centaines d'images de moi que je connais par cœur, à tel point qu'une partie de mes souvenirs d'enfance sont davantage issus de ces photographies que de ma case mémoire. Mais je ne suis pas là pour me revoir à quinze, dix et cinq ans dans des vêtements qui aujourd'hui vaudraient à n'importe quel gamin des lapidations répétées. J'épluche, je fais semblant, parce que ma mère est dans mon dos et que je n'ai pas envie d'arriver à la fin.

Pourtant, la fin arrive et je vois cette enveloppe rose fanée que je n'ai ouverte qu'une seule fois, il y a tellement longtemps qu'il m'a fallu un voyage à Barcelone, trente ans plus tard, pour m'en souvenir. Elle est toujours là, à la même place, au fond de la valise, avec son coin gauche plié. Je l'aperçois sous un amoncellement de tantes, d'oncles, de grands-parents et d'arrière-arrière-petits-cousins qui ne sont jamais surpris par l'obturateur et posent en habits du dimanche, en costume de l'armée ou en toge de communiant, sous des kilos de lumières artificielles, devant des toiles peintes aux couleurs d'une forêt, dans un univers où le mouvement n'existe que dans un flou chronique.

Je ne peux pas m'empêcher de regarder ma mère quand mes mains atteignent l'enveloppe rose. Comme si je demandais son assentiment au moment de soulever le couvercle de la bonbonnière. Mais elle n'est plus là et le café crépite dans la cuisine. J'ouvre seul et je tire avec le même geste que l'avant-veille les deux photomatons de ce quadragénaire en costume sombre souriant à la blague d'un voisin invisible, un ruban dont le bord inférieur a été un jour déchiré de sa seconde moitié. Les seules photos de mon père que ma mère ait jamais conservées.

29

Guide pratique du carrossier mental

1. Considérer les faits, sans ambages

Ok. Très bien. Parfait. Je suis donc là en présence de ce que, dans le commerce, on appelle un « pack ». Pour le même prix, j'ai découvert un secret de famille juste après l'avoir supprimé. Question temporalité, ça pose quelques problèmes, mais le pire n'est pas là. Non.

2. Visualiser le handicap, sans œillères

Le pire, pour l'heure, mesure un mètre cinquante-cinq et est en train de me servir une tasse de café. Pour me débarrasser du problème, il suffirait que j'agisse comme je le fais habituellement : rentrer la tête dans les épaules et foncer.

Or c'est impossible. Pas avec elle, pas avec ma mère. Même si j'ai très tôt mis beaucoup de distance entre elle et moi.

Pendant plus de quarante ans j'ai cru à la légende, je l'ai métabolisée, je suis devenu Dick Lapelouse parce que Roger Humbert était mon père. Il était mort au cours d'un événement tragique certes, mais somme toute assez banal étant entendu qu'il exerçait une profession à risque – on a trop peu souvent le champ d'honneur qu'on mérite. J'ai décidé par moi-même que j'étais prédestiné à prendre sa suite sur l'échiquier des voyous parce qu'à douze ans, j'en avais fait mon capitaine Fracasse, mon Sandokan, mon Robin Hood, bref, mon héros romantique, mon exemple, mon sang, mon héritage.

Pendant plus de quarante ans, ma mère m'a menti, mais au lieu de lui rentrer dans le lard, me voici en train de geindre face à moi-même : « Mais c'est ma mère, merde ! »

3. Dégorger le pathos, sans fausse pudeur

Après tout, que puis-je faire face à une mère dont je me suis toujours imaginé qu'elle avait agi au mieux pour me protéger ? Qu'irais-je lui reprocher au crépuscule de sa vie ? Et puis de quel droit encore ? Ne suis-je pas l'archétype même du fils indigne qui a passé sa jeunesse à la faire souffrir, avant de disparaître corps et biens, pour ne revenir que très ponctuellement et repartir aussi sec ? Et que suis-je devenu ? Rien. Personne. Seulement un pauvre gars qui s'est trouvé une jolie petite rédemption – merci, Braun – dans le commerce du meurtre d'enflures en low cost. En fait, une ordure pas mieux ni pire que celles qu'il élimine. Pourquoi pas, tant que j'y suis, un tueur en série ?

4. S'écouter répondre, sans la ramener

Dionne restant désespérément absente de mon horizon depuis hier, je me vois dans l'obligation de jouer son rôle. C'est beaucoup moins sexy, mais je m'en tire plutôt bien.

« Ok, Dick, très bien, me dis-je-t-elle. Maintenant regarde les choses en face : cette même femme t'a élevé dans un putain de conte de fées pour orphelins de la pègre, t'a refilé le virus en voulant t'en préserver, t'a jeté dans le caniveau de la société et c'est aujourd'hui de cet apprentissage que tu tires tes revenus. Tu assassines des gens, Richard, parce qu'au tout début, il y a cette femme qui a fait un enfant avec cet homme à la funeste destinée. Et il y a maintenant quarante-huit heures, tu as tué cet homme, c'est-à-dire que *tu as tué ton père*. Bon, oui c'est vrai, tu savais pas que c'était ton père, je te l'accorde parce que je suis magnanime. Mais tu avoueras quand même qu'il est un peu compliqué de se débarrasser du problème en chouinant : "Mais c'est ma mère, merde !" Regarde-la, Dick. L'innocence incarnée, la Sainte Vierge dans toute sa splendeur, la fragilité faite femme en train de te verser sa lavasse sous-caféinée d'une main pré-parkinsonienne. Et tu voudrais me faire croire que c'est la culpabilité à l'égard de cette mère qui t'empêche de réclamer des explications que tu es en droit d'obtenir ? »

5. Digérer la critique, sans panique

Je suis saisi de la brusque envie d'appeler Braun pour lui mander une consultation téléphonique toutes affaires cessantes. Un réflexe que je pare aussitôt en ironisant façon Dionne :

« Pour quoi faire ? L'écouter te parler de Jocaste, de Créon et de leur fils Œdipe ? Tu paierais pour ça ? Allons, sérieusement… »

6. Savoir entendre la vérité, sans en mettre partout

J'en suis là de mon petit conseil d'administration quand je m'aperçois que ma mère est en train de me parler. Plus tard, je me dirai que j'ai parfaitement entendu ce qu'elle m'a dit, mais sur le moment, je demande :

– Hein ?

Pendant un très court instant, ses yeux sont fixes. Sans doute regrette-t-elle de s'être jetée à l'eau, d'avoir prononcé ces mots auxquels je n'étais pas attentif. Son élan ainsi coupé, elle entrouvre la bouche comme si elle allait reprendre, mais elle préfère sourire, un très court instant encore. Et puis finalement, elle se passe une main sur les lèvres et me répète ceci :

– Roger Humbert était plus âgé que moi, je l'ai sans doute choisi pour ça. Malgré sa vie de bandit, je me sentais en sécurité dans ses bras. Je n'ai rien vu venir, Richard. Lorsqu'il a appris que j'étais enceinte, il m'a amenée jusque dans la salle de bain en me traînant par les cheveux. Là, il m'a plongé la tête dans les toilettes et il a tiré la chasse. Quand la chasse s'est retrouvée vide, il m'a maintenue dans cette position en attendant qu'elle se remplisse. Et il l'a tirée à nouveau. Et encore. Et encore. Je n'ai pas compté le nombre de fois où j'ai bu la tasse. Il a fini par m'abandonner là, il devait me croire morte. Ce sont les pompiers qui m'ont découverte. Lui, je ne l'ai jamais revu. C'est pour ça que tu es ici aujourd'hui, n'est-ce pas ? Parce que tu l'as retrouvé et que tu te demandes pourquoi j'ai inventé toute cette histoire. Eh bien maintenant, tu le sais. Je n'ai rien à dire de plus, mon chéri. À part, peut-être, que je te demande pardon. Pour le reste, je ne regrette rien. Je l'ai aimé, follement. Je me suis trompée, terriblement. J'ai payé. Maintenant, c'est terminé. Pour moi, quoi qu'il ait pu se passer quand tu l'as retrouvé, Roger Humbert est mort le 15 septembre 1969.

7. Reconsidérer les faits, sans se blesser

Élise Lapelouse ne se recroqueville pas sur elle-même, ne fuit pas mon regard et, au moment de régler l'addition, elle tient son rôle de mère face à son fils.

Voilà. La messe est dite et on ne va pas en faire un fromage.

Mon père n'était pas un héros, c'était une crevure. Je l'ai tué parce que je suis devenu un type qui élimine le genre d'homme qu'il était. Quelque part, ça me refait un peu les dorures : j'ai utilisé mon héritage à bon escient. Oui, bon, voilà, et puis après ?

8. Trouver une parabole où se cacher, sans honte

Dans la partie de mon cerveau dédiée à mes souvenirs cinématographiques, je me revois, à quatorze ans, regardant *Greystoke* dans l'obscurité d'une salle bondée des Champs-Élysées. Il y a cette scène où Christophe Lambert fouette le cheval de son cabriolet. « C'était mon père !!! » hurle-t-il en obligeant la bête affolée à courir en rond dans la cour du château familial. Dans la séquence précédente, des policemen ont tué sous les yeux du sauvage réhabilité un vieux singe échappé du zoo de Londres. Contrairement à la majeure partie de l'assistance, je ne pleure pas. Dans cette version française du film de Hudson, Lambert se double lui-même et son interprétation postsynchronisée est terriblement mauvaise au point qu'elle anéantit chez moi toute émotion.

Oui, je trouve toujours un bon prétexte pour me cacher de mes peines, mais rassurez-vous, comme je ne me prive de rien, il en va de même pour mes joies. Et lorsqu'il faut que j'exulte, j'use d'expédients tels qu'une bonne bouteille de côtes-de-nuits ou quelques ponctions insistantes de cocaïne.

9. Revenir au sujet et le circonscrire, sans peine

C'était mon père ?! Et alors ?

Des pères, j'en ai tué d'autres parce qu'un bon nombre d'Élise Lapelouse sont passées par mon bureau.

Des fils aussi, et des mères, et des filles si on va par là. Si je m'étais posé trop de questions sur la destinée réelle de ces gens-là, en deux coups les gros j'aurais déposé le bilan et, tout comme Llanos Jr., j'aurais demandé mon placement sous surveillance psychiatrique. Quand un type comme moi commence à s'inquiéter de l'arbre généalogique de ses futures victimes, il ne fait rien ou bien il fait autre chose.

S'il en vient à considérer que MM. Osmond et Devernois ont dans leur entourage des personnes qui les aiment, que donc ces deux individus sont capables d'inspirer l'amour, il fait assistante sociale, psychologue ou médiateur de la République.

S'il pense que la plupart des salopards peuplant le monde ont réussi à faire des enfants qui deux fois l'an leur apportent des cadeaux parce que dans le privé ce sont de bons pères de famille, il fait instituteur, avocat ou médecin.

Si, par contre, il voit l'immense terreur dans le regard de Mlle Sonia Van Veckt, s'il ressent l'implacable trouille qu'a dû vaincre la fille de Mme Ponceaux pour venir jusqu'au boulevard Wilson lui raconter le drame de sa mère, et si enfin il aspire à savoir ces femmes soulagées de la culpabilité que les actes infâmes de leurs tortionnaires ont durablement instillée en elles, alors il arrête de mettre Paris en bouteille : il fait Dick Lapelouse et rien d'autre.

10. Se prévaloir d'une certaine philosophie, sans barguigner

Alors non, Malcolm, je ne suis pas pour la peine de mort. Il serait plus juste de dire de moi que je n'accepte pas la revalorisation des déchets, que je n'accepte pas la respectabilité masquant l'infamie, que je n'accepte pas qu'il puisse y avoir des hommes, des femmes, des fils, des filles, des mères ou des pères qui, jouant de leur rôle, sèment l'horreur autour d'eux dans la plus totale impunité. Cette tâche que je me suis donnée ne fait nullement de moi un justicier. Je refuse la section en noir ou blanc de l'humanité. Nous savons tous, et ce très tôt dans notre existence, qu'une part de nous est capable du pire : selon les individus, ce sera une gifle, un délit ou un meurtre. Le reste est affaire de choix.

On continue ou on s'arrête pour réfléchir.

Il n'est jamais trop tard pour réfléchir – je suis très bien placé pour en parler, moi qui n'ai commencé qu'à trente ans révolus. Je ne dis pas que c'est simple, ni qu'on en a toujours la possibilité. Seulement voilà : avec l'invention du feu, nous avons décidé de nous couper de l'animal. Des siècles ont passé, nous avons tout mis en place pour que notre monde ne s'effondre pas, qu'il avance malgré les tentations de certains, et que nous cessions d'agir par instinct. C'est un effort quotidien que d'être humain. S'arrêter, regarder, considérer et réfléchir sont des actes à la portée de tout un chacun.

11. Laisser croire à un hiatus pour mieux reprendre les commandes, sans hésitation

Tout ce beau discours de la part d'un type qui fait commerce du désespoir des autres paraîtrait hypocrite à bien des individus et ceux-là n'auraient pas tout à fait tort de se foutre de moi et de la soudaine panoplie de parangon de vertu dans laquelle je me drape. Mais je ne vais pas poursuivre dans la justification de mon métier. Je suis, j'existe, j'ai eu cette idée et le résultat est tristement là. Les gens qui viennent me voir ont décidé de s'arrêter pour me demander de supprimer de leur paysage des personnes qui ne réfléchissent pas. Je dis oui ou je dis non, selon que leur histoire me semble à même d'atteindre la température à laquelle moi-même je me sens capable d'éliminer un problème que je juge invivable.

12. Remettre sa conscience à sa place, sans flancher

– C'est plus clair comme ça, Dionne, ou il faut encore que je développe ?

– …

– Dionne, s'il te plaît…

13. Assener son propre règlement intérieur, sans coup férir

Certes, accéder au grade d'un Dick Lapelouse n'est pas une mince affaire. Ça demande beaucoup de travail, pas mal d'abnégation, peut-être d'avoir eu une jeunesse mal inspirée. Mais ça nécessite surtout de posséder un cerveau que l'on sera capable de compartimenter à discrétion comme une sorte de meuble à deux tiroirs : dans l'un, la philosophie personnelle ; dans l'autre, une vision du monde selon des schémas largement plus bipolaires.

En haut les connards, en bas les clients subséquents.

Au nord les nuisibles du quotidien, au sud les hommes.

Effectivement, ça peut amener à des examens très poussés dans le domaine de la chosification des personnes. Seulement, voyez-vous – et j'en ai fait la démonstration plus haut –, on n'assassine pas quelqu'un avec des bons sentiments plein la tête. N'importe quel analyste financier vous le dira : on ne mélange jamais le travail et les sentiments.

14. Conclure, avec délicatesse

À la Dick Lapelouse Academy, on forme des coins en acier trempé, une oreille ouverte, l'autre bouchée, l'exosquelette en téflon, le mental placé sous protection cathodique par anode sacrificielle dans la plus pure tradition des galvanisations à froid. Rassurez-vous, aux dernières nouvelles, il n'est sorti des chaînes de montage qu'un seul exemplaire de cet être d'exception. Il date du siècle dernier et, à moins d'une panne inattendue – le produit est garanti sans obsolescence programmée –, il doit lui rester encore une vingtaine d'années d'autonomie avant que sa pile au lithium ne fonde complètement. Mais pour l'heure, il fonctionne correctement, répond bien à la demande, possède un grand rayon d'action et surtout, surtout, il se recharge en un rien de temps : il suffit de le placer face à son propre reflet. Alors il enfle et déploie toute sa colère. Comme un combattant.

AFFAIRE CARLOS LLANOS
TO DO LIST

- ☐ Trouver pourquoi, comment, quand tout a commencé.
- ☐ Chercher le fil d'Ariane en remontant le plus loin possible.
- ☐ S'accrocher à tout ce que le dossier Llanos présente comme failles en sachant pertinemment que cet homme a construit un véritable bunker qui va me rendre dingue.
- ☐ Prendre le temps qu'il faudra, mais ne pas se noyer.
- ☐ Trouver la bête.
- ☐ Lui montrer qui dirige les manœuvres.
- ☐ La harponner.
- ☐ La ramener sur le pont.
- ☐ La massacrer.
- ☐ L'atomiser.
- ☐ La pulvériser.
- ☐ Pleurer un bon coup.
- ☐ Consulter Braun.
- ☐ Se redresser.
- ☐ Passer à autre chose.

30

Comment ces choses-là arrivent

La nature des hommes est ainsi constituée qu'on fait toujours pleurer une femme pour en réjouir une autre. Ma mère ne voulait plus que je parte et il tardait à Camille que je rentre. Dionne refusait obstinément de se montrer, même en survêtement rose. Moi, il fallait que je voie Braun de toute urgence. Et Braun, lui, voulait me parler.

– T'as tué ton père ?!

– Merde, Malcolm, tu veux pas arrêter de taper là-dedans et venir t'asseoir derrière moi ? Ça fait trois fois que tu nous ressers, je sens plus mes dents.

– Mais je t'écoute, vas-y, je t'écoute.

Avec toute la coke que s'est enfilée le Dr Braun depuis trente minutes, alors qu'allongé sur son divan je lui narre mon épisode catalan, il a beaucoup de mal à intérioriser. D'ailleurs, à cet instant, et sans respecter son invite précédente, il intervient bruyamment, loin de la retenue attentiste qui, en temps normal, le caractérise.

– Tu sais que tu bats absolument tous mes records de consultations, Dick ? Putain, t'es mon premier parricide. Fais pas cette gueule-là, c'est vrai ce que je te dis.

– T'es défoncé, Braun. Ou c'est moi qui le suis pas assez. Je pensais qu'on allait discuter œdipe, mais on n'est pas en état tous les deux. On reparlera de ça quand tu seras redescendu, ok ?

J'avais juste besoin de me vider un peu la tête, mais j'ai mal présenté le truc. J'ai accepté un trait, puis deux, puis trois avant d'aller me coucher sur sa banquette. Il a sorti des bières, je lui ai présenté Barcelone par le versant touristique. La confiance venant en même temps que l'anesthésie de mes gencives, j'en suis venu à Suñer Llanos. Et puis au voyage du retour. Braun avait déjà aspiré l'équivalent de quatre poutres et n'était plus en état de faire la différence entre la consultation et le rendez-vous des bons amis.

Je me lève de sa couchette et m'apprête à le planter là alors qu'il concasse sous sa carte Gold un énième terril de cristaux. Il me voit faire, suspend son geste, reste ainsi une seconde et demie à regarder ses mains immobiles et puis, tout aussi soudainement, il fond en larmes. Inspirée par une profonde frustration, ma première pensée est bêtement pécuniaire : il peut se toucher pour que je lui paye la séance. Je sais de la cocaïne qu'elle peut avoir des effets secondaires dépressogènes. Pas plus inquiet que ça donc, je rempoche mes protestations de patient abandonnique et je demande :

– Qu'est-ce qui se passe ?

– Je suis cuit, Richard.

– Si t'arrêtais un peu la coke, ça irait sûrement mieux.

– Je te parle pas de ça.

– Tu veux prendre ma place ? C'est 150 euros et pour les dépassements d'honoraires, tu peux te brosser.

– Déconne pas, c'est pas le moment.

– Bon, je t'écoute.

Je plante mes mains dans mes poches. Malcolm cueille un mouchoir dans la boîte à kleenex qu'il met normalement à la disposition de ses patients et gâche sa dernière prise dans un bruit de cor qui laisse sur la ouate un petit filet de sang. Je soupire, mais ne relève pas. Le problème n'est visiblement pas là. Je me rassois.

– J'ai fait le con.

Tiens donc. Il se mouche à nouveau et reste à considérer son mouchoir comme si c'était là un univers sidérant.

– Y a six mois, une fille est venue me voir. Relation incestueuse, fascination pour le père, perversion familiale, je t'épargne les détails. Tu veux une bière ?

– Non.

Malcolm semble reprendre un peu d'air en se levant pour ouvrir son armoire où il dissimule un minibar très chargé. Il reprend son récit en refermant la porte du frigo :

– La fille est larguée, elle croit qu'elle est enceinte, elle sort du Planning familial : on l'a rassurée, elle n'est pas enceinte. Mais son père prétend que si, qu'elle est dans le déni. Il la manipule, elle est totalement sous son emprise, mais elle a un sursaut de conscience et va voir une gynéco. Et la gynéco me l'envoie. Cellule monoparentale, gamine persuadée que son père est l'homme de sa vie, parce qu'il lui a raconté qu'il avait quitté sa mère pour rester avec elle. En fait, en grattant, j'apprends que la mère a foutu le camp à la naissance de sa fille avec un autre type. Enfin, bon, du très lourd, de la spéléo mentale par temps de pluie avec risque de blocage dans tous les boyaux parcourus. Je veux la confier à Abadie[1], mais la fille refuse. Elle n'a pas dit à son père qu'elle me voyait, elle ne veut donc pas entendre parler d'hospitalisation. On commence des consultations deux fois par semaine. Elle va dans un lycée juste à côté, à l'Assomption. On se cale sur son emploi du temps et les premiers mois passent.

Braun aspire le reste de sa bière, retourne à son minibar et cueille la suivante.

– T'es sûr que t'en veux pas ?

– Non, ça va, je suis en train d'atterrir.

Je me cale le dos contre le mur, les doigts croisés sur le ventre. Il soupire, semble marquer le pas, pose une main sur sa bouteille, la regarde et puis l'éloigne de lui avant de choper son Montblanc et de passer ses nerfs dessus.

– Y a deux mois, je me rends compte que la fille me fait du plat. Et que ça dure depuis un certain temps.

1. Le centre Jean-Abadie, à Bordeaux, est la première unité hospitalière française dévolue à la prise en charge des adolescents suicidaires.

Comment j'ai pas vu ça avant, je n'en sais strictement rien, mais ça me tombe dessus…

Il pose son Montblanc, déplie son bras et reprend sa bière dont il boit la moitié sans respirer. Ses yeux se remplissent à nouveau de larmes. Il reprend son Montblanc.

– Elle m'a sauté dessus, j'ai craqué, je me suis laissé faire, et puis ça a duré comme ça pendant des semaines…

Suite et fin de la deuxième bière. Pioche dans la boîte à kleenex. Corbeille à papier. Je me tapote la lèvre supérieure pour lui indiquer qu'il a un truc sur la sienne. Il pose son Montblanc, se passe le dos de la main sous le nez, considère la petite traînée de sang, l'essuie dans un autre kleenex qu'il pose à côté de lui, puis se frotte les yeux. Il reprend son Montblanc.

– Excuse-moi… Un jour, elle arrive ici en larmes et elle me dit que son père sait tout, qu'elle lui a tout dit. Je suis à tellement de kilomètres de là, j'attends tellement qu'elle ouvre son chemisier que je ne comprends même pas de quoi elle parle. Sur le coup, ce que j'entends, c'est qu'elle a dit à son père qu'elle voyait régulièrement un psy. Or, oui, elle lui a dit qu'elle voyait un psy, mais qu'en plus elle baisait avec lui. Pourquoi elle a fait ça ? Elle me regarde, et elle me dit, avec une toute petite voix : « Parce que je veux le quitter et vivre avec toi. » Je tente de reprendre mon rôle de sachant, je lui creuse la cervelle pour savoir à quel point elle est en train de me monter un bateau, à quel point son père est en train de tirer les ficelles, à quel point je peux encore faire quelque chose, thérapeutiquement parlant s'entend. Mais plus je creuse, plus elle se mure. La séance se termine, je conserve le rendez-vous de la semaine suivante, la fille s'en va. Fin du deuxième acte.

La barrette du capuchon de son Montblanc casse net. Il observe les dégâts d'un œil absent avant de balancer le stylo dans l'un des tiroirs de son bureau. Comme il allume une cigarette, il croise mon regard. Je vais poser une question, il me coupe en y répondant :

– Seize ans. Et merci de ne pas me demander comment on en arrive là à mon âge et dans ma situation.

Malcolm soupire lourdement, jette un regard à son petit tube de dope qui s'impatiente sur sa plaque en verre, relève les yeux sur moi, puis reprend :

– Le lendemain, le père déboule ici. Évidemment, quand Camille m'annonce que j'ai un patient qui a débarqué sans prévenir et que je vais le chercher, je ne sais pas de qui il s'agit. C'est bizarre la représentation que tu peux te faire de ces gens-là quand tu as baisé leur fille.

Il s'impose le sourire mauvais du pénitent en pleine flagellation, et ça lui réussit moyennement.

– Les pères, je veux dire. Je m'attendais à un gros rugbyman ultraviolent, je tombe sur un quinqua d'un mètre soixante-dix, un peu moche, un peu flottant dans son petit costume. Il est très calme, très posé, il me serre la main, ne me donne pas son nom, s'assoit, je m'installe en docteur et je lui demande ce qui l'amène. Il me dit que c'est à propos de Bénédicte. Il m'apprend qu'elle ne viendra pas aujourd'hui et que si je désire la voir, ça va être à moi de payer. Je commence par faire le type qui ne comprend pas et, là, il me sort l'agenda de sa fille et ouvre le calendrier de son iPhone sur lequel il a reporté, en rouge, toutes nos consultations. Comme je l'accuse de violer le secret médical, il me répond que c'est 5 000 euros la séance. Comme je ne comprends pas de quoi il parle, il me dit que sa fille et moi avons eu depuis le mois de janvier quarante-huit séances. Il me dit qu'au jour d'aujourd'hui, sur le marché de la viande humaine, on peut louer une fille jusqu'à 3 000 euros. Sa fille est mineure et ce genre de marchandise est très recherché, il estime donc son coût à 5 000 euros. Par conséquent, je lui dois 240 000 euros. Je ricane, bien entendu. Ce type est complètement dingue, je n'ai qu'un coup de fil à passer pour le dénoncer à la Ddass. Je lui fais part de ça dans l'espoir de m'en débarrasser et de donner le coup de fil en question, sitôt qu'il aura tourné le dos. Là, le type me dit qu'il a des photos. « Des photos ? » je lui demande. Oui, sa fille a pris des photos avec son téléphone portable, et elles sont en sa possession. Si je ne lui paye pas ce que je lui dois, il s'en servira. Il ira porter plainte pour détournement de mineur. Il me rappelle que dans mon cas, étant donné l'état de dépendance de sa fille, je risque très gros, même avec un excellent pénaliste : radiation de l'Ordre des médecins, interdiction d'exercer, etc.

Malcolm se tait. Je me gratte le nez. Je me lève pour finalement prendre une bière dans sa réserve, je m'assieds sur la chaise en face de lui et j'enchaîne à sa place :

– Et tu lui as fait un premier chèque tout de suite.

– Oui.

– Sans même voir la moindre photo.

– Non.

– Et tu as dealé avec lui de lui payer la suite selon un échéancier mensuel jusqu'à épuisement de la dette, voire éventuellement plus.

– Oui.

– Et c'est pour ça que depuis deux mois, tu me demandes à moi, comme à tous tes patients j'imagine, de ne pas mettre d'ordre sur mes chèques.

– …

Nous soupirons l'un et l'autre.

– Ne me juge pas, Richard.

– Oh, t'as pas à t'en faire pour ça. Je viens de tuer mon père, toi tu te fais avoir par une gamine de seize ans, alors si tu crois que j'ai du temps à perdre en jugement, franchement… Bon, tu veux faire ça comment ?

31

Le syndrome Carradine-Hutchence

M. Delmer commence par prendre une puissante giclée de gaz lacrymogène dans le visage, à travers l'entrebâillement de sa porte d'entrée. Il recule et tombe au milieu de son couloir en poussant de petits couinements, les poings crispés sur ses yeux. Comme la maison se situe au bout d'une allée totalement déserte à cette heure, je prends trois bonnes minutes pour ventiler le hall en me servant de la porte comme d'un éventail. Puis je referme derrière moi, et je lui enfonce une paire de chaussettes au fond de la bouche. Je prends toutes les précautions pour ne pas le blesser en le transportant jusqu'à la salle de bain. Je le dépose dans la baignoire, je règle le pommeau de douche en position jet et lui envoie la flotte en pleine figure. Il respire mal, se débat mais lorsqu'il voit ressurgir le spray, il se calme.

– On va juste avoir une petite discussion tous les deux. Savonne-toi le visage, rince-toi et sors de là.

Delmer s'exécute en faisant tout son possible pour ne pas me regarder. Encore un qui a trop vu de mauvais films. Je lui jette un drap de bain :

– Ok, maintenant tu te déshabilles. Et tu mets cette serviette autour de ta taille.

Il se déshabille. Il est maigre comme un épagneul après la baignade, mais intégralement bronzé par des UV en boutique. Il possède aussi une assez belle ceinture abdominale, des quadriceps impeccables et un fessier à broyer des noix de pécan. M. Delmer se conserve. M. Delmer se fascine. M. Delmer a installé sur les quatre murs de sa pièce d'eau de grands miroirs qui montent du sol au plafond.

– Allez, au salon.

M. Delmer résiste. Mais il s'est mal essuyé et son pied glisse sur le carrelage de la salle de bain. Je le rattrape par les cheveux juste avant qu'il ne se fracasse les orteils contre le piétement en pattes de fauve de sa baignoire. En sortant, j'attrape une cravate noire à pois blancs sur la patère murale et nous traversons la maison jusqu'à son canapé qui fait face à un bel écran Retina cent vingt centimètres de marque coréenne surplombant une installation home cinéma 10.1. Je m'assois juste en face de lui sur la table basse en teck. Je pose la cravate bien en évidence à côté de moi et quand je le regarde, il tourne immédiatement la tête dans l'autre sens.

– Bon, dis-moi, tu les as mises où, les photos ?

Ça lui redonne un peu d'espoir. Ses yeux rouges se fixent aussitôt sur moi. Il suit beaucoup le journal télévisé, M. Delmer. Il a entendu parler du *home-jacking,* le dernier cri en matière de violence urbaine importé des USA. Il a dû croire que ça y était, il allait se retrouver à devoir filer le code de ses cartes de crédit après avoir subi les pires humiliations. Il souffle un peu. Il veut même me parler, alors de derrière la paire de chaussettes, j'entends sa voix étouffée. Je tends une main vers son visage. Il bondit en arrière.

– Me mords pas sinon je t'en colle une !

« Une quoi ? » se demande-t-il aussitôt en ouvrant de grands yeux qui font des allers-retours à la recherche d'une arme à feu qu'il n'aurait pas vue. Je lui retire la paire de chaussettes et il déblatère comme si j'avais appuyé sur *on* :

– J'ai pas de photos. C'était des conneries tout ça. C'était juste pour avoir du fric. Ma fille, elle a jamais pris de photos.

Vous allez vous dire que je suis quelqu'un de très contradictoire, seulement parfois je n'ai pas le choix. Alors oui, c'est vrai, je viens de sortir un flingue de derrière mon dos, parce que j'estime qu'avec certaines personnes, ce type d'argument matériel évite qu'on en vienne aux mains, et les mains, ça laisse des marques. M. Delmer est de ces personnes. Son regard s'éteint quand il voit mon pistolet. Je le dépose à côté de la cravate.

– Je vous jure qu'elle a pas pris de photos. C'est moi qui lui ai monté le bourrichon, c'est moi qui lui ai dit qu'on allait le faire chanter, le psychiatre. Que j'irais lui dire qu'on avait des photos. Elle voulait pas, Béné, elle voulait pas, je vous jure qu'elle voulait pas. Ça m'a rendu dingue, vous comprenez…

– Je suis pas là pour comprendre, je veux les photos.

Le type tombe à genoux, me passe la main sur les jambes, enfouit sa tête dans mon giron, me prend par la taille, serre et sanglote :

– Y a pas de photos ! Faut me croire, y a pas de photos, mon Dieu…

– Assieds-toi.

Il se redresse. Sa serviette glisse. Il se rassoit.

– Et remets ta serviette. Pour l'instant, j'ai pas envie de voir tes couilles.

Il remet sa serviette.

– Elle est où ta planque à pornos ?

– Ma planque à quoi ?…

Mon pistolet se plante au milieu de son front.

– Là ! Lààààà ! Le tiroir !

Il me montre la bibliothèque. Je me lève et j'ouvre un petit tiroir rempli de télécommandes et des piles qu'on y installe tous les six mois. Sans doute dans l'espoir de ne pas me contrarier, il glapit aussitôt :

– La clé USB rouge !

En farfouillant, je finis par découvrir une clé rouge de trente-deux gigas et, grâce à mes compétences dans le domaine des nouvelles technologies, je trouve immédiatement l'emplacement où l'implanter sur la façade de son boîtier multimédia. Je récupère une poignée de télécommandes qui possèdent toutes une bonne centaine de touches, et je les jette à M. Delmer qui, à cet instant, est en train de considérer sa cravate sans bien comprendre de quoi il s'agit.

– Allume ton bousin !

– Hein !?

– Allume !

Il met en route son appareillage d'une main tremblante, poussant par intermittences des petits jappements de chiot. L'écran propose alors une liste de fichiers vidéo à consulter. Pendant quelques secondes, je crains qu'il n'ait mal interprété ma demande et que, voulant bien faire, il me montre ses *sex tapes*. Mais rapidement, les métadonnées des films me rassurent : *Une grosse salope se fait bien bourrer par deux Black Farts*, *Une sale pute en prend plein son cul + éjac'fac'*, *Deux bonnes cochonnes font des pipes en avalant jusqu'aux couilles*…

– Appuie sur *play* !

– Je prends lequel ?

Je le regarde et je me dis que sa question n'est pas aussi incongrue que ça. En même temps, c'est d'une telle absurdité que je me retrouve dans l'incapacité totale de lui répondre.

– Il est où ton bar ?

Delmer fronce les sourcils. Je remue la main qui tient le pistolet. Il tend un doigt vers une console à l'angle de la pièce. J'en reviens trente secondes plus tard avec un verre de mauvais whisky que je lui tends. Puis, de la poche de ma veste, je sors une plaquette de petites pilules bleues en forme de losange.

Sur l'écran, le film sélectionné par Delmer commence par une scène d'exposition plutôt normale : une blonde encore habillée discute avec les deux mecs qui vont la sauter dans moins de trois minutes ; un canapé quatre places sert de décor principal.

– Tiens, avale ça !

Des alvéoles de la plaquette, j'expulse deux cachets de Viagra que je lui présente.

– Qu'est-ce que c'est ?

Encore une fois, mon pistolet lui répond à ma place. Les deux pilules disparaissent derrière ses dents et une gorgée de blend. Il grimace.

– Montre ta bouche !

Soit ce type a connu l'hôpital psychiatrique, soit il a vu *Vol au-dessus d'un nid de coucou* : il ouvre grand sa bouche, bascule sa tête en arrière et tourne sa langue dans tous les sens. Je repose le verre de whisky et la plaquette de pilules sur la table basse et je reprends ma place en face de lui.

– Qu'est-ce que vous allez me faire ?

– Moi, rien.

J'attrape la cravate et lui demande :

– T'es gaucher ou droitier ?

– Droitier.

– Alors écoute bien ce que je vais te dire et suis mes instructions parce que je les répéterai pas et que tu n'as que deux genoux à ta disposition. Tu prends cette cravate et tu en noues l'extrémité autour de ton bras gauche. Vas-y.

M. Delmer ne voit pas bien où je veux en venir. Il regarde la cravate, me regarde, regarde ses genoux, puis à nouveau la cravate. Enfin, il la glisse autour de son coude.

– Non, au-dessus du biceps. Voilà. Maintenant, tu te passes le reste de la cravate autour du cou.

Sa main recommence à trembler mais je l'aide à se concentrer en jouant avec la culasse de mon arme. Il s'entoure la gorge et la nuque.

– Non, non, non ! Je t'ai pas dit de lâcher la cravate. Tu saisis l'autre extrémité et tu l'entoures autour de ta main droite.

– Mais pour quoi faire ?

Je retire le cran de sécurité de mon arme. Il roule la cravate autour de sa main droite.

– Dis-toi juste une chose : si, par le plus grand des hasards, tes photos sortent un jour, je m'occupe de ta fille.

– Mais je vous dis qu'elle a pas fait de photos…

– Tire !

– Quoi ?

– Tire sur ta cravate !

Delmer me regarde sans comprendre. Je pose le canon du flingue sur son genou droit. Il tire sur la cravate et, soudain, tout devient clair :

– Mais je peux pas…

– Mais si. Le tout c'est de commencer. Allez, tire !

Il tire tout doucement. Le tissu se tend timidement autour de sa gorge.

– Plus fort.

– Mais je peux pas…

– Arrête avec tes « Je peux pas ». Quand on veut on peut. On t'a jamais dit ça ? Ta fille, tu voulais lui niquer son existence, tu t'es pas posé la question très longtemps de savoir si tu pouvais ou pas. Tu voulais, t'as pu. Tire !

Habituellement, moins je parle à mes victimes, mieux je me porte. Là, je ne sais pas ce qui me prend. Je n'en veux pas particulièrement à ce père de famille, j'en veux à tous les pères de famille. C'est différent. Et ça doit se lire dans mon regard. Alors, M. Delmer tire un peu plus fort sur sa cravate qui se resserre autour de son cou. Il bloque sa respiration. Son visage vire au rouge, ses yeux s'emplissent à nouveau de larmes. À bout de forces, il se relâche en toussant.

– Voilà, tu vois que tu y arrives. Allez, maintenant, t'ouvres ta serviette.

Mon ordre doit lui rappeler ses années d'école, quand la cloche sonnait à 10 heures et qu'il fallait être très sage pour avoir l'autorisation de filer en récréation. Il ouvre sa serviette à toute vitesse.

– Bon, on a bientôt fini. Attrape-toi la bite avec ta main gauche.

Dans le regard qu'il me lance, je lis une grande confusion, ce qui est, somme toute, la moindre des choses. Déjà, s'étrangler, il ne voyait pas l'intérêt. Mais se brandir le sexe devant un parfait inconnu, ça fait un peu beaucoup. Du coup, il est saisi d'un regain d'indignation :

– Putain, mais à quoi vous jouez, espèce de salopard ?!

– Tu connais David Carradine ?

– Quoi ?!

– Michael Hutchence ?

– Non…

– Ok. Tu as déjà entendu parler des jeux autoérotiques ?

Ça semble vaguement lui rappeler quelque chose parce qu'il ne répond pas. Il détourne les yeux vers son écran. La femme et ses deux copains de passage ont fini par trouver un terrain d'entente pour arrêter de parler. Delmer baisse la tête comme si tout ça le dégoûtait soudain et il tombe alors sur un truc qui le sidère : il bande. Ce n'est encore qu'un quart de molle, mais tout de même.

– C'est bien. Allez, reprends ta cravate et tire.

À la fin d'un des plus grands romans de la littérature nord-américaine du XXe siècle – dont je tais ici volontairement le nom afin qu'on ne m'accuse pas d'en révéler la triste conclusion –, l'auteur précipite son héros dans l'océan. Ce dernier a une désespérante envie de mourir, il a donc décidé de se noyer. Seul. Il plonge et commence à s'enfoncer dans l'eau en brassant de toutes ses forces vers les profondeurs. Mais l'instinct de vie est plus puissant, son esprit se révolte et, à bout de souffle, le garçon perce la surface.

C'est exactement ce qui arrive à Delmer.

Un peu tard néanmoins.

Sous l'effet de l'étranglement, son sexe s'est subitement développé entre les doigts de son poing gauche et les deux minutes qui viennent de s'écouler ont suffisamment asphyxié son cerveau. Désormais, j'aurai beau le menacer, il ne fera plus rien pour me faire plaisir. Je saisis donc la main qui enserre la cravate et j'achève moi-même le travail. Au bout de dix minutes, je relâche la pression. Bouche ouverte, langue pendante, yeux révulsés, chibre en main, M. Delmer est mort. Je lui écarte les cuisses pour qu'il ait l'air plus à son aise et je mets la lecture du fichier vidéo sur mode *repeat*. Dans la salle de bain, je mets ses vêtements dans la machine à laver et lance un cycle à quatre-vingt-dix degrés.

Il est 17 h 05. Bénédicte vient de quitter le lycée de l'Assomption à la fin de son cours de maths. Le bus qui la ramène chez elle tous les soirs ne met pas plus d'un quart d'heure.

En refermant la porte derrière moi, je m'attends à trouver Dionne dans l'allée. Vu ce qui vient de se passer, ça me paraît logique. Je suis vite déçu.

32

La musique des portes

Après cet intermède – que, si je ne craignais d'apparaître un peu trop léger, je qualifierais de « distractif » –, je reprends le dossier Llanos père et fils où je l'ai laissé. Je m'arme d'un bloc-notes et j'épluche les informations afin de faire le tri entre le tangible et la pure foutaise. Les premières personnes qui m'intéressent, ce sont les rédacteurs de *La Bandera negra* à Bilbao.

Une femme décroche à la huitième sonnerie. Je lui demande si elle parle français, elle me répond en anglais. J'explique que je souhaite parler au rédacteur en chef. Elle me répond que c'est elle. Je demande alors si le journaliste qui a été en contact avec Carlos Llanos en 2012 est toujours dans leurs murs. Elle ne voit pas du tout de quoi et encore moins de qui je cause.

– Carlos Llanos est le fils du *señor* Ramón Suñer Llanos. Vous avez publié un article en décembre 2012 sur cet homme qui était accusé d'être un ancien franquiste déguisé en républicain…

– Je ne comprends pas à quoi vous faites référence, mons…

– Écoutez, je suis moi-même journaliste, pour *Libération*, et j'écris un papier sur cet homme visiblement très controversé…

– Monsieur…

– … et une de mes sources m'a donné une copie de votre article…

– Monsieur…

– Quoi ?

– Il est impossible que nous ayons publié cet article en décembre 2012.

– Pourquoi ?

– Parce qu'à cette époque, notre journal avait déposé le bilan depuis déjà deux mois. Nous n'avons redémarré nos activités qu'au printemps de cette année.

Je remercie. Je raccroche. Ma tête émet de curieux vrombissements. Le téléphone sonne. Je décroche. Camille :

– Il y a quelqu'un qui veut vous voir.

– Pas le temps.

– Elle est là, elle pleure, elle parle très mal le français. En gros, je n'ai rien compris à ce qu'elle veut, seulement qu'elle venait des Philippines pour vous voir.

Je ferme les yeux, les masse longuement entre mon pouce et mon index. Llanos est en train de dévorer mon commerce et cette considération m'amène à la seule conclusion possible :

– Envoyez-la-moi.

Je raccroche violemment, j'ouvre mon tiroir pour déclencher ma caméra de surveillance.

La fille entre sur la pointe des pieds et en ressort tout aussi discrètement une heure plus tard. Je lui ai dit que je verrais ce que je peux faire, que j'étais très occupé en ce moment, ce qui n'est jamais une bonne manière de traiter un client. Peut-être, mais si l'on considère que je suis le seul représentant de ma profession, on comprend que je ne craigne guère la concurrence. Je me repasserai en temps utile l'enregistrement de son témoignage auquel je n'ai pratiquement rien entendu et, cela rejeté aux calendes grecques, j'attrape *La Bandera negra* du 9 décembre 2012.

Le papier n'est pas de très bonne qualité, le cahier compte huit pages, une trentaine d'articles, des photos à la trame d'impression plutôt pauvre et une mise en page pas vraiment régulière. *La Bandera negra* travaille sur du vieux matériel, c'est en tout cas ce qu'on essaye de me faire croire. Je reprends mon téléphone. La rédactrice décroche à la troisième sonnerie.

– Est-ce que vous pouvez m'envoyer votre dernier numéro ?

– Nous n'envoyons pas de numéro à l'unité, monsieur *Libération*. Nous fonctionnons par abonnement.

– Très bien, je m'abonne. Est-ce que vous avez un site Internet ?

– Non.

– Un fax, peut-être ?

– Oui.

– Vous pouvez m'envoyer le bulletin d'adhésion que je vous le retourne signé ?

– Vous habitez en France, monsieur ?

– Oui.
– Comment vous comptez payer ?
– Un virement international, ça vous ira ?
– Je vous envoie le bulletin tout de suite. Quel est votre numéro de fax ?

Je dicte. Ça va prendre des plombes avant que je reçoive mon journal, mais je n'ai pas le choix.

– Je vous repose la question au cas où, hein, ne m'en veuillez pas : le nom de Carlos Llanos ne vous dit toujours rien ?
– Non.

Mon cerveau fonctionne à dix mille tours-minute mais je ne peux pas faire avec ce que je n'ai pas : la pièce majeure de mon dossier était cet unique numéro *La Bandera negra*, or il s'agit d'un faux. Autant dire que le cas Carlos Llanos ne pèse désormais plus grand-chose. Ça me désespère de le dire, mais je suppose que l'interview manipulée par *ABC* est tout aussi bidon. Je n'ai rien d'autre à portée de la main qu'un tas de poussière.

– Allô, monsieur *Libération*, vous êtes toujours là ?
– Vous avez un mail ?
– Nous ne donnons pas nos adresses personnelles.
– Vous avez bien une adresse électronique pour le courrier des lecteurs, non ?
– Nous n'avons pas de courrier des lecteurs.
– Écoutez, madame la rédactrice, vous avez besoin de vos abonnés pour vivre et je suis prêt à vous envoyer un virement pour cinq ans. Je veux juste vous envoyer une photo.
– Pour quoi faire ?

– Pour voir si vous reconnaissez l'homme que je cherche.

– Je ne comprends pas : vous êtes journaliste ou détective privé ?

– Journaliste d'investigation, ça existe pas dans votre pays ?

– Je vois que monsieur est chatouilleux. Écoutez, on va faire comme ça : je vous donne notre numéro de compte pour que vous nous fassiez votre virement. Une fois que nous aurons encaissé votre argent, je vous recontacterai pour vous donner l'adresse mail du journal. Est-ce que ça vous intéresse toujours ?

Comme si ça pouvait se discuter.

Je prends note et nous raccrochons. J'ouvre mon ordinateur, mes comptes en ligne et m'affranchis de mon virement. Puis je bascule mon Lichtenstein et, dans mon coffre, je récupère le fichier vidéo bis de Carlos en félicitant ma paranoïa : vive la vidéosurveillance ! Alors que j'installe la carte dans le lecteur, Camille frappe à la porte. Je déclenche l'ouverture, elle passe la tête dans l'entrebâillement pour m'informer qu'elle descend déjeuner et qu'il serait grand temps que je lui fournisse des tickets restaurant. Avant de refermer la porte, son professionnalisme semble reprendre le dessus et elle me rappelle que j'ai un rendez-vous à 13 heures.

– Ne traînez pas trop Camille, j'ai…

La porte claque dans son dos. Ses pas lourds résonnent dans l'escalier. Je soupire et reviens à mon travail qui consiste à faire une copie du témoignage de Llanos sur mon ordinateur. J'y coupe toutes les parties qui concernent directement la mission qu'il souhaite me confier. De ça, j'extrais un fichier son. Puis je récupère la vidéo officielle de notre contrat, je fais une capture d'écran de son visage et j'appelle Camille sur son portable. Elle me répond la bouche pleine.

– Remontez tout de suite, j'ai un boulot pour vous.

– Impossible, je mange.

– Camille, c'est urgent.

– Monsieur Lapelouse. Vous avez vos urgences, j'ai les miennes. Pour l'heure, mon urgence consiste à me remplir l'estomac avec des sucres rapides parce que je me fiche des hommes et que Claude n'est plus là pour me voir grossir. Je serai au bureau à moins le quart, si ça peut vous soulager.

J'aime les femmes de caractère, mais dans la limite de mes propres stocks de patience. Donc je cède, ravale mes prétentions patronesques et j'appelle la rédaction de *Sud-Ouest*. J'obtiens un rendez-vous pour la fin de l'après-midi, avec un dénommé Daniel Villemaut, premier secrétaire de rédaction. Dans le bureau de Camille, le fax sonne mais, scrupuleuse, elle a fermé son antre à clé. Je tape du pied devant sa porte lorsque celle de Braun s'ouvre. Quand il m'aperçoit, il s'immobilise.

– Ça va ?

– Ouais. Et toi ?

– Pas mal de boulot.

– Ok. À plus tard.

– À plus tard.

Je le laisse me passer à côté en évitant mon regard. Je le suis des yeux alors qu'il descend l'escalier en prenant la posture du type qui cherche quelque chose de très important dans les poches de son costume. De coupe irréprochable, son Smalto en possède neuf. Ça lui occupe les mains jusqu'à la porte du hall qu'il pousse avant de disparaître derrière. Hier, par téléphone, il a repoussé mon rendez-vous de vendredi.

Le client de 13 heures arrive alors que je viens juste de reprendre ma place en soupirant comme un veau. C'est un jeune chef d'entreprise au visage creusé. Il commence un récit que j'écoute d'une oreille partiellement sourde, quand j'entends la porte du bureau de Camille s'ouvrir et se fermer.

– Excusez-moi, je vous prie. J'en ai pour quelques minutes.

Me suis-je aperçu que je viens de le couper en plein milieu d'une phrase dont je n'ai même pas entendu le début ?

– Vous aviez dit moins le quart, Camille.

– Désolée, ils ont mis un temps infini à me servir mon dessert. Bon, alors, c'est quoi votre urgence ?

Je lui tends une clé USB sur laquelle j'ai déposé le fichier son. Je lui demande de me retranscrire par écrit ce que raconte l'homme dans cet entretien. Elle me regarde comme si je venais de lui sucrer ses indemnités journalières.

– Qu'est-ce qu'y a ?

– … C'est pas vraiment dans mes compétences ça…

– Depuis quand un travail de dactylo n'est pas dans les compétences d'une secrétaire ?

Elle baisse la tête et se met à recueillir les bouloches d'un immonde pull rouge carmin en laine de viscose, avant de répondre avec cette voix microscopique que je ne lui avais encore jamais entendue :

– C'est pas mon fort, la dactylo, monsieur Lapelouse.

– Comment ça ? Je croyais que vous aviez fait l'école Pigier ?

– Non… en fait, j'ai fait un stage *chez* Pigier, il y a cinq ans, avec la formation continue…

– Vous vous foutez de moi ?

– Certainement pas, pour qui vous me prenez ?! Quand je vous ai donné mon CV, là, oui, je vous l'accorde, je me suis *un peu* poussée du col. Mais aujourd'hui, je suis honnête, vous pourriez au moins me reconnaître ça.

C'est marrant comme cette femme a la capacité, même engluée par sa fourberie, de trouver encore assez d'énergie pour tenter de vous mordre. J'avale beaucoup d'air et, en me vidant, je lui réponds :

– Bon, on en discutera plus tard. Pour l'instant, vous vous concentrez du mieux que vous pouvez sur les souvenirs que vous avez encore de votre… formation et vous me retranscrivez, le plus fidèlement possible, cet entretien.

– Je peux écouter ma musique, en même temps ?

– Camille. Que les choses soient claires. Si vous commettez la moindre erreur dans cette tâche, je perds un client important. Si je perds un client important, c'est la réputation de cette société qui est remise en cause. Ça signifie plus de boulot, donc plus d'argent qui rentre, donc une employée licenciée.

– Oh, ça va, me la faites pas à la pitié, je vous prie. Et puis les menaces, hein, merci bien.

À ce stade de la discussion, je pense à la page 48 de mon catalogue et, pour endiguer mes envies meurtrières, je me répète la loi numéro un de mon *Dalloz* privé : « Pour régler tes problèmes personnels, jamais tes techniques de travail tu n'utiliseras. »

J'attrape le fax qui pend encore hors de la machine. Je pique un stylo à Camille et je remplis le bulletin d'abonnement de *La Bandera negra.*

– Vous pouvez me mettre ça sous enveloppe à cette adresse et le poster avant la levée, aussi ?

– Oui. Mais vous n'avez pas répondu à ma question.

– Laquelle ?

– Je peux écouter ma musique en tapant votre… ?

– NON !

Et pour lui rentrer ça dans le crâne comme une vis sans fin, je claque la porte en sortant.

Celle de mon bureau, elle, est ouverte, le siège de mon client est vide. Je bous intérieurement et, si je me laissais aller, je repartirais voir Camille pour la mettre face à ses responsabilités : cette conne m'a fait perdre un client parce qu'il a fallu que je lui explique ce qu'elle devait faire pour que, justement, je n'en perde pas un autre. Je sais très bien qu'elle n'est pour rien dans l'état de mes nerfs, alors je m'assois à ma table et je plante mon regard dans mes Lichtenstein.

Hopeless et *Drowning Girl* n'ont plus rien à m'apprendre depuis longtemps. Rien ni personne n'a quoi que ce soit à m'apprendre. Je me suis fait piéger par un pseudonyme qui a replongé dans la foule en ricanant et je ne sais pas ce qui m'afflige le plus : cette manipulation qui me laisse à penser que j'exerce finalement un métier discutable ou ce type que j'ai étouffé à Barcelone avant de découvrir qu'il s'agissait de mon père.

Il va juste falloir que je décide quand et comment je digère cette cargaison de pain noir, et dans quel état je me remets au travail. Parce qu'on ne peut pas dire que, professionnellement parlant, ma rencontre avec M. Delmer ait été pleinement satisfaisante. J'ai agi avec une colère froide comme j'aurais souhaité le faire sur Carlos, ce qui n'a jamais été un bon moyen de conclure une affaire. Et aujourd'hui je laisse filer un client par pure négligence parce que Llanos m'a instillé un venin dont je ne sais pas comment me soigner.

Je me lève, produis une série de cercles concentriques au milieu de mon bureau comme je l'ai vu faire dans *Mickey Parade* quand j'étais en âge de supporter encore ce grand manifeste du capitalisme pour enfants. Je passe plusieurs fois à côté de la paire de fauteuils dans lesquels viennent s'épancher mes commanditaires, sans rien remarquer. Jusqu'à ce que, finalement…

Sur celui de gauche, il y a une lettre.

33

Ta-dam !!!

Mon cher Monsieur Lapelouse,

Je suis navré de ne pas avoir donné de mes nouvelles plus tôt, et navré encore de devoir le faire par un biais que vous trouverez, je n'en doute pas, très cavalier. Mais vous comprendrez que, eu égard aux circonstances, je me dois de faire attention à ma sécurité. Estimant que vous êtes l'un des personnages les plus dangereux qu'il m'ait été donné de rencontrer, je me suis permis ce petit tour de force dont je devine qu'il vous met en rage.

En lisant régulièrement les pages faits divers du Periódico de Catalunya, j'ai appris, avant-hier, la mort du señor Ramón Suñer Llanos à son domicile de Barcelone. J'avoue que votre dernier message téléphonique m'avait déjà quelque peu rassuré sur ce point, mais vous savez l'importance que l'on accorde aux mots gravés dans le marbre... en l'état actuel de votre enquête sur ma personne, je suppose que vous goûterez mon petit jeu de mots : marbre, journal.

Passons.

Dans le même journal, j'ai pris connaissance d'une agression qui m'a quelque peu inquiété. Un sergent de la Guardia civil a été retrouvé dans les containers à poubelles du marché de la Boqueria en état de coma profond. La proximité de ce lieu avec celui du domicile du señor Suñer m'a fait souhaiter une coïncidence. Mais il était écrit que ce pauvre homme avait vraisemblablement fait les frais d un vol avec agression et je me suis contenté de cette explication.

Je vous sais homme de rigueur.

Mon cher Richard, il me reste à vous féliciter pour cet exploit hors murs, oserais-je dire, et vous souhaiter bon courage pour la suite des événements.

Bien à vous,

Carlos Llanos

34

Catharsis de la Fouine

Il est trop tard, j'en suis parfaitement conscient. Comme je suis conscient que courir dans cette direction permet au complice de Llanos de filer dans l'autre. Sans compter l'hypothèse d'une voiture ayant facilité sa fuite. Je m'arrête donc à la limite de la barrière du Médoc, les mains sur les genoux, le souffle court, et, une fois récupéré mes capacités pulmonaires, je fais demi-tour, non sans guetter au loin, des fois que, sait-on jamais. Décidément Llanos joue sa partition avec un talent de plus en plus surprenant. M'envoyer un faux client comme messager, j'avoue que c'est solidement construit. La seule chose que je conserve de lui est son image piégée par ma caméra de surveillance – décidément.

Je remonte péniblement l'escalier jusqu'à la coursive et là, je marque un temps. Mes ongles s'incrustent dans le bois de la balustrade mais je sais à ce moment précis sur qui je vais pouvoir déverser ma rage. Je fonce vers le bureau de Camille et j'entre en gueulant :

– Bon, maintenant ça suffit les conneries ! Vous me filez votre poste, vos CD pourris et quand vous aurez compris qu'ici on bosse, vous pourrez toujours faire réclamation pour les récupérer !

– Non mais dites donc ! Qu'est-ce qui vous prend, monsieur Lapelouse ? Qu'est-ce que j'ai fait encore ?

Rien, justement. La musique ne vient pas de son lecteur de CD, ni de son bureau, et ce n'est même pas du Claude François. Je ressors et file ouvrir ma porte. L'endroit est vide. Mon ordinateur chante Dionne Warwick à tue-tête.

Don't make me over
I wouldn't change one thing about you...

La fin d'après-midi ne me réserve rien d'autre que des confirmations qui ne font rien avancer. Ainsi rencontré-je Daniel Villemaut, le premier secrétaire de rédaction de *Sud-Ouest*, qui m'emmène boire une bière sur la place Saint-Christoly.

Saint-Christoly n'est pas Sant Galdric, loin s'en faut, donc pas non plus l'endroit le plus attendrissant qui soit : un triangle à platanes où du vieux Bordeaux encore crassouille se reflète dans du neuf moche et déjà dépassé, un truc anti-Unesco à mort. J'ai néanmoins une petite pensée attendrie pour Abran Salamero en constatant que l'ancien immeuble et sa tour qui abritaient les bureaux du Gaz de Bordeaux ont été réhabilités par Philippe Starck et Serge Trigano en hôtel branchouille. Certes, ce n'est pas le Vela de Bofill, mais il y a là tout le nécessaire pour faire accourir le Bordelais en manque d'endroit où montrer sa femme.

Au départ, le type n'est pas plus bavard que moi :

– 'Jour, Daniel.

Ce qui me convient bien :

– 'Jour. Richard. Enchanté.

Je lui tends mon exemplaire de *La Bandera negra*, lui expose mes doutes quant à son authenticité et lui demande comment il a été fabriqué. Il feuillette le canard pendant quelques secondes, puis devient plus loquace :

– Je ne sais pas qui a fait ça, mais il s'est donné du mal.

– Pourquoi ?

Il est même capable d'une prose qui se tient :

– Si j'avais pas le temps, je vous dirais simplement que c'est un procédé offset humide classique, que ce sont des rotatives antérieures à 1977 qui ont sorti ça et que les plaques utilisées sont encore plus anciennes. Seulement ça fait six mois que je prends plus mes RTT. Alors je vais vous décortiquer ça. Vous avez un petit moment à me consacrer ?

Daniel Villemaut bascule sa bière vers son gosier, essuie sa barbe, retire ses lunettes et les approche du journal qu'il passe à la loupe pendant un certain temps. Je suis en train de m'endormir dans le décolleté d'une quadra voisine qui me laisse faire sans s'offusquer, quand la voix de Daniel me tire de la dentelle.

– Et il fait quoi dans la vie ?

– Qui ça ? Moi ?

– Non, vous, je me doute que vous voulez pas me le dire. Je parle de votre copain, là. Parce que c'est du plein temps son affaire. Des heures sur Photoshop pour patiner les documents et leur donner l'apparence du vieux et encore des heures sur un logiciel de PAO pour donner corps à tout ça. Et je ne vous parle pas de la rédaction. Soit c'est un chômeur, soit c'est un retraité, soit c'est un chômeur à la retraite, mais en tout cas c'est un pro.

– C'est lui qui a écrit tous les articles ?

– Ben, j'en mettrais pas ma pogne au feu parce que j'en ai encore besoin, mais j'ai plutôt un bon entraînement stylistique. Vous lisez pas l'espagnol, c'est ça ?

– Non.

– Ben faites-moi confiance alors. C'est lui qui a écrit les trente-quatre articles de ce canard.

– Et pour l'impression ?

– Ben pour l'impression, une fois qu'il a eu passé trois semaines à fabriquer sa maquette, il a dû aller voir un imprimeur, tout simplement.

– Mais le papier ?

– Quoi le papier ? Vous parlez de cette pulpe de cellulose ? Je suis d'accord avec vous, ça se trouve pas chez le papetier. Votre gars doit avoir un stock de bobines vierges ou avoir accès à ce type de marchandise.

– Ça existe ?

– Tout existe, Richard. Sur le Bon Coin, l'année dernière, y a bien un type qui vendait un cul de fouine empaillé.

Il me laisse cinq secondes pour que je tente de construire l'image mentale d'un fondement de fouine taxidermisé. J'y arrive trop approximativement, donc je demande de l'aide :

– Un cul de fouine ?! Pour mettre où ?

– Ben au mur, tiens ! Comme un trophée de chasse.

Je convoque aussitôt le souvenir de la tête de hure clouée au manteau de la cheminée de M. Devernois et j'essaye de la remplacer par un cul de fouine empaillé dans un but similaire. Ça me prend cinq secondes supplémentaires et enfin je pouffe.

– Ah ben dites donc, vous êtes long à la détente, vous. Bon, on en était où ? Oui, le papier. Bien. Quand vous faites tourner les rotatives, il arrive de temps à autre que l'encre vienne à manquer. Enfin dans les anciens systèmes, parce que maintenant c'est tout informatisé. Du coup, vous vous retrouvez avec des centaines d'exemplaires prêts à partir en kiosque à part qu'il y a rien d'imprimé dessus Ça vous fait marrer ce que je raconte ?

– Pardonnez-moi, non, c'est juste le... enfin, votre histoire de cul de fouine, là, j'arrive pas à me sortir cette image de la tête. C'est ridicule, je sais, mais c'est votre faute aussi.

Il me regarde un peu sèchement avant de me montrer le bas du journal et de poser le doigt sur une série de petits trous.

– Regardez les perfos, là et là. Ce sont les griffes de sortie en bout de chaîne qui font ça. Je veux bien croire que votre type y a mis beaucoup du sien pour que tout soit nickel, mais ça, c'est relativement inimitable et il faut être soit du métier, soit sacrément observateur pour y penser. Ou les deux, je vous l'accorde. Ça y est, vous êtes calmé ?

– Ça va... raheemm... Donc il apporte son fichier chez un imprimeur, il vient avec son papier et il ressort avec cet exemplaire ?

– Ben, je vois pas autre chose.

– Ça doit coûter un fric fou.

– Pas forcément. Ça reste de l'impression numérique de base, mais ça démontre une certaine motivation.

J'additionne mentalement les informations. Ce qui me ramène au point de départ. Donc je pars de là pour aller au plus simple et je décide que le premier endroit où Llanos a pu se procurer le matériel nécessaire, c'est l'imprimerie de *La Bandera negra*. Après, il existe un nombre monstrueux d'autres possibilités. Alors je vais faire comme le croyant lambda et m'appuyer sur le seul élément tangible que je possède. Jusqu'à preuve irréfutable du contraire. Après tout, c'est ça ou me brancher en boucle sur cette histoire de cul de fouine empaillé jusqu'à m'assécher les glandes lacrymales.

– Ça vous embête si je vous recontacte pour une comparaison ?

– Une comparaison de quoi ?

– Je dois recevoir dans les jours à venir un exemplaire de la vraie *Bandera*.

– Ben, c'est plutôt gratifiant votre truc. Au moins, ça me prouve qu'à cinquante-sept ans, j'ai quand même un certain nombre de connaissances qui finissent par servir à quelqu'un.

– Vous feriez autre chose pour moi ? Là, je parle d'une activité rémunérée.

– À une époque, j'étais payé au mot, mais maintenant on forfaitise tout, même le talent. Alors si vous pouvez trouver un entre-deux, je suis d'accord pour vous traduire ces articles.

Un gentil gars, ce Daniel Villemaut.

35

Des excuses

– Bon, excuse-moi.

– Allez, ça va.

– Non, ça va pas, mais excuse-moi quand même. J'ai franchement du mal avec ce qui s'est passé.

– Il s'est passé quoi, exactement, Malcolm ?

– Tu veux une bière ?

– Une bière ?! On est vendredi, Braun, et en principe cette demi-heure est consacrée à ma séance hebdomadaire. Je veux bien échanger les rôles, le temps d'écouter tes excuses, mais t'es gentil, tu changes pas de sujet.

Il soupire, croise les bras et s'enfonce dans son fauteuil :

– Il s'est passé que t'as dessoudé le père d'une de mes patientes parce que je te l'avais demandé et normalement, en ce qui *me* concerne, le problème est réglé. Seulement voilà, je suis bouffé par les remords. Et ça aussi, c'est normal. Je vais pas dire que c'est juste un mauvais moment à passer, parce que ça risque de durer longtemps, et d'ici à ce que j'aie digéré tout ça, il va s'écouler un bon siècle. Dix ans d'études, dix ans de psychanalyse, un superviseur, un emprunt sur vingt-cinq ans, une assise sociale enviable, et je saute une gamine de seize ans. Alors, non, ça va pas. Mais je fais avec.

Voilà, on est à nouveau copains, Malcolm et moi. C'est fou ce que parler arrange les choses. Regardez notre société comme elle va mieux depuis qu'on communique à tout-va.

Pour conclure cette introduction hors sujet de ma séance hebdomadaire, Malcolm se lève, ouvre le classeur de ses dossiers médicaux pour sortir le carnet correspondant à mon étude. Je rejoins donc son divan et il s'assoit derrière moi.

– Bon, je suis passé complètement à côté de ton histoire, Dick. Va falloir reprendre à zéro. Comment ça, t'as tué ton père ?

Je reprends donc à zéro, et même avant. Toute la préhistoire y passe : âge de pierre, âge de bronze et âge de fer. Puis l'invention de la roue, les premières écritures sumériennes, les pyramides de Gizeh, la Grèce antique, l'Empire romain, l'invasion de la Gaule, Vercingétorix, le Moyen Âge, la Renaissance, les Temps modernes, les Lumières, la Révolution, l'industrialisation, les deux guerres mondiales et la période actuelle, celle où on ne comprend toujours pas, où tout ce qui précède n'a servi à rien et où chaque jour nous naissons à l'innocence et à la crédulité. Comment peut-on croire encore à l'intérêt de la réincarnation, je vous demande un peu.

D. Lapelouse
Séance n° 31 du 22/06/13

Dr Braun : Et ça te fait quoi ?

Dick Lapelouse : Qu'est-ce qui me fait quoi exactement ? Parce que là, je viens de te parler d'une certaine accumulation. Me faire manipuler par un client ?

Dr B. : Si tu veux commencer par là…

D. L. : Ouais, on va faire ça alors… C'est pas la première fois et ce sera pas la dernière. De toute façon, ils me manipulent tous plus ou moins pour que j'accède à leur demande. Tu sais, on ne débarque pas chez moi – comme chez toi d'ailleurs, je te fais remarquer au passage – sans s'être manipulé soi-même. Au moins jusqu'à s'être convaincu qu'on ne pouvait pas résoudre le problème sans en passer par un meurtre, et que donc j'étais l'unique solution. Pardonne-moi de revenir à toi un instant, mais je pense que maintenant, tu sais ce que ça coûte moralement, éthiquement et – pour toi en particulier – déontologiquement de faire appel à mes services. Je n'insiste pas parce que c'est *ma* séance, mais si tu le veux bien, il serait peut-être intéressant d'y revenir un jour, juste comme ça, entre nous.

Dr B. :...

D. L. : C'est entendu. Bien. Est-ce que je sais détecter une manipulation ? Est-ce que je suis assez expérimenté pour ça ? Je vais prétendre que oui étant donné que, au bout du compte, le personnage de Dick Lapelouse repose sur cette éternelle question : est-ce que je fais confiance à la personne qui vient me voir pour me commander un meurtre ? Jusqu'au cas de ce Llanos, je pensais que oui. Pour la bonne et simple raison que, comme je te l'ai déjà expliqué, le fait de tuer par procuration est un acte en soi et qu'il n'est pas anodin. Après Llanos, il y aura d'autres affaires parce que je refuse que cette histoire me mène à considérer chacun de mes futurs clients comme un manipulateur. Il est venu me voir dans un but que je ne comprends toujours pas, mais pour lequel je suis en train de retourner mes propres terres, et je sais que je vais trouver. Je vais prendre ton exemple encore une fois, si tu me le permets.

Dr B. : Je préférerais pas...

D. L. : Je m'en fous. Je prends les exemples que je veux. Lorsque tu m'as parlé de tuer ce Delmer, j'ai jugé de ton état assez rapidement. Tu es mon seul ami, j'aurais pu agir par pure empathie, mais je suis fort heureusement quelqu'un d'assez clivé – tu dois l'être aussi puisque, quoi que tu dises, je suis là, sur ton divan. Mes clients sont des gens pliés par la vie ou par un accident aussi brutal qu'inattendu. Je n'accorde mes services qu'à une seule catégorie de ces individus : ceux qui ne me donnent aucune raison de douter de la véracité de leur misère. Ça me permet de croire que mon entreprise a une éthique : j'accomplis un acte tarifé, mais je ne suis pas un commerçant.

Dr B. : Qu'est-ce qui te fait croire à leur histoire ? Tu serais omniscient ? Une sorte de dieu vengeur ? Je ne comprends pas.

D. L. : Nous nous sommes inventé des dieux pour excuser notre bestialité. Viens pas me chercher sur ce terrain, parce que sur les religions et ce qu'elles ont produit de pire dans l'histoire de l'humanité, j'ai de la ressource. Comment ils arrivent à me convaincre ? Je n'ai pas fait le compte, mais à la louche, je dirais que dans un cas sur trois ils sont là pour que je tue quelqu'un de leur entourage proche. C'est-à-dire quelqu'un qu'ils connaissent très bien, pour qui ils ont eu – ou ont encore et malgré tout – des sentiments forts. Face à la mort programmée de cette personne qui possède une identité en lien direct avec leur existence, ils peuvent rarement mentir. Certains y arrivent, comme Llanos. Mais ce derrière quoi se cachent ces tordus mériterait que je te les envoie – de ça aussi, il faudrait qu'on parle un jour, d'ailleurs. Pour pouvoir mener à bien mon exercice, je me suis imposé une confiance en l'autre et une acceptation de l'altérité qui, chez moi, sont tout sauf naturelles. C'est là le paradoxe de ma profession : à la base, je suis un type méfiant qui doit se départir de ses préjugés une fois que le client est là, assis face à moi, à m'ouvrir sa fosse septique. Ça me demande beaucoup d'efforts et aussi une sacrée distanciation. Ce sont mes eaux troubles. Et jusqu'à mon aller-retour à Barcelone, j'y nageais plutôt à mon aise.

Dr B. : Bien. Et ton père, dans tout ça ?

D. L. : J'aimerais te dire que… que je n'en ai rien à foutre, voilà ! Je le connaissais pas pour la bonne et simple raison que je le croyais mort. Mais ce n'est pas vrai, j'en ai pas rien à foutre. Je… En toute honnêteté, ça fait une semaine que je lutte contre moi-même parce qu'en fait… en fait, ça me fait un mal de chien… Enfin, non, ce n'est pas vraiment ça… Pffff… Écoute, pour tout dire, Llanos me pose un double problème. D'abord, il me ramène à ma position de tueur à gages qui a eu la prétention de s'extraire de sa condition pour se mettre au service des pauvres gens. Avec sa petite mise en scène, me voilà maintenant en train de me questionner sur les mécanismes qui agissent en moi.

Dr B. : C'est-à-dire ?

D. L. : Comment… comment je fais pour débrancher mon cerveau au moment où j'éventre une femme, Malcolm, hein ? Je suis où, à ce moment-là ? Je n'en sais foutrement rien. Est-ce que Dick Lapelouse n'est pas finalement un simple psychopathe qui se donne bonne conscience ? Eh ben, je vais te dire que je ne veux pas le savoir. Mais que ce fils de pute m'oblige maintenant à regarder, à mon tour, ma propre fosse septique, ça me fout dans une rage très inquiétante.

Dr B. : Ensuite ?

D. L. : Ensuite, oui, il y a mon père. À l'origine de tout, comme j'aime à le penser parce que c'est bien plus simple que d'avoir à assumer les choix que j'ai faits dans mon enfance. J'aurais pu… qu'est-ce que j'aurais pu… ? Llanos me refile un virus contre lequel je me croyais immunisé : la conscience que ce que je fais est mal et qu'en plus ça ne résout rien. Est-ce que je me pose la question de savoir si mes clients vivent mieux une fois débarrassés de leur tortionnaire ? Pas le moins du monde. Jamais. Si ça se trouve, c'est encore pire pour eux parce qu'ils découvrent que leur problème n'était pas totalement celui-ci et qu'au fond, si ça se trouve, le coupable qu'ils m'avaient désigné comme un monstre ne méritait pas une telle fin. Mais je ne veux pas savoir, c'est leur affaire. Lapelouse ne fait pas de service après-vente, point barre. Voilà ce que je me suis entendu dire, avec la morgue du commerçant qui décrète qu'un produit en solde ne peut pas être repris, à certaines personnes saisies de remords postopératoires. Et aujourd'hui, je suis soudain propulsé à la place de l'un d'entre eux… En termes de schizophrénie, ça se pose là, non ? Je suis à la fois l'assassin et le plaignant. Je suis celui qui a tué sur commande un homme et, sous prétexte que cet homme se révèle être mon père, je me questionne pour savoir… s'il le méritait. Ouais, c'est ça. Je suis celui qui passe un coup de fil à son client une fois le forfait accompli, et ce même client qui se prend en pleine gueule tout ce que ça signifie. La sensation de culpabilité est énorme. Roger Humbert était peut-être une ordure, et je suis peut-être éboueur, mais ça ne me dit pas si mon père méritait que ce soit son propre fils qui l'achève, après que sa compagne l'avait enterré… C'est vertigineux, Malcolm. Je pourrais en parler des heures sans en voir le bout.

Dr B. : Parle-moi de *Dionne*, si tu préfères.

D. L. : Non, c'est pas le moment…

Dr B. : D'accord. On va s'arrêter là pour aujourd'hui.

D. L. : Je peux rester ? J'ai un truc à te montrer et j'ai besoin de tes lumières.

Dr B. : Tu me payes, tu sors de mon bureau et tu reviens dans un quart d'heure.

D. L. : Ce que t'es formaliste, putain !

Dr B. : Tiens, prends un kleenex au lieu de pérorer.

D. L. : Qu'est-ce que tu veux que je foute d'un kleenex ?

Dr B. : T'as le visage ruisselant de larmes et de la morve qui coule du nez.

36

Une proposition analytique

J'agis comme le bon Dr Braun et ses cérémoniaux me l'ont demandé. Une fois dans mon bureau, je me dis que je ne vais pas tenir le quart d'heure prescrit. Et puis je me rends compte que mes fesses apprécient peut-être plus que d'habitude le contact profond avec le cuir de mon fauteuil. Je me recule un peu pour poser mon dos contre le dossier et j'entends mes trapèzes, mes lombaires et mon grand dorsal me dire merci. Comme je laisse aller ma nuque contre l'appuie-tête, je remarque que c'est sans doute plus agréable que d'ordinaire. Alors, il se produit un phénomène étrange : je respire.

Je veux dire par là que l'air qui circule dans mes poumons et ressort par ma bouche que j'ouvre en grand passe avec une régularité qu'il me semble ne plus avoir connue depuis des mois. En fait, je me sens bien, ou plutôt mieux, et j'ai envie d'en profiter le plus longtemps possible.

J'ouvre les yeux, je regarde autour de moi, sans reconnaître l'endroit où je me trouve. Il y a là-bas, en face de moi, accrochées sur un grand mur blanc, deux reprographies d'un artiste du Pop Art américain qui me rappellent vaguement quelque chose. Dans ma tête, une voix lointaine allant crescendo égrène une série de noms dont je ne saisis ni la provenance ni la signification :

Ramón Suñer Llanos…

Carlos Llanos…

Barcelone…

Bilbao…

Élise Lapelouse…

Roger Humbert…

Ton père !!!

Une crampe magistrale me vrille le dos et l'abdomen. Je me lève comme si mon fauteuil venait de prendre feu. Je lance un regard vers l'horloge murale et m'aperçois que la mi-temps de Malcolm s'est écoulée depuis plus d'une heure. Sur mon bureau, je ramasse la lettre de Carlos et les huit pages de retranscription de son entretien que Camille m'a rendues hier, en fin de journée – non sans me l'avoir lourdement fait payer en oubliant d'éteindre *Claude François à l'Olympia 1969* avant de débaucher et de fermer son bureau à clé.

Je sors sur la coursive en claquant la porte derrière moi.

– Excuse-moi, je me suis endormi sans m'en rendre compte.

Malcolm me sourit aimablement en rejoignant sa place après avoir refermé son classeur.

– Pas de problème. Tu voulais me montrer quelque chose, je crois ?

– Je voudrais que tu lises ça et que tu me donnes ton avis de psychiatre sur cette personne.

– Pour quoi faire ?

Je m'assois et je pose devant Braun mes deux documents

Visiblement, Llanos a passé un temps infini à fabriquer toute cette affaire d'un bout à l'autre. Chacune des pièces de son dossier est un faux fabriqué de ses propres mains et servi par un jeu d'acteur irréprochable que j'ai avalé jusqu'à la queue, arêtes comprises. Et maintenant il prend le risque de m'envoyer un messager qui prend lui-même le risque de se faire passer pour un client avec tout ce que ça comprend d'aléatoire. Coup de chance, c'est moi qui lui ai offert une porte de sortie. Une sacrée détermination. Ce Carlos me voue une haine très ancrée et il m'oblige aujourd'hui à mettre ma profession de côté pour jouer au détective privé, un métier que j'exècre mais que notre secrétaire pense que j'exerce. Alors, j'ai besoin d'un sérieux coup de main pour savoir à qui j'ai affaire.

J'ai débité ça sans reprendre mon souffle et Malcolm tique soudain devant ma précipitation. Sa tension est très palpable, je le sens sur ses gardes.

– Tu estimes que je te le dois ?

– Comment ?

– Est-ce que tu penses que c'est là une manière de me demander un service professionnel parce que tu m'en as rendu un, Dick ?

– Qu'est-ce que tu racontes, pauvre pomme ?! J'ai mis notre amitié entre parenthèses le temps d'exécuter ton contrat, tout comme tu mets notre relation entre parenthèses quand je viens ici chaque vendredi. Alors avant que cette histoire ne bousille notre relation, trouve un moyen de la vomir ailleurs. Vois ça avec ton superviseur ou avec qui tu veux, mais arrête tes conneries, s'il te plaît.

Gêné, il toussote dans son poing, puis se pince le nez :

– Excuse-moi. Sur le moment, j'ai pensé que tu…

– Non, je ne rien. J'estime juste que je ne suis pas psychanalyste et que j'ai besoin de ce service, tout comme j'ai besoin d'un type de chez *Sud-Ouest* pour savoir comment Llanos a pu fabriquer un faux journal. Dans les deux cas, ce sont des services que je rémunère. Est-ce que maintenant on peut gentiment décomplexer tout ça et se mettre au travail ?

Braun nous ouvre deux bières, se saisit de mes documents et va s'allonger sur son divan. Avant qu'il se lance dans la lecture, je demande :

– Tu permets que j'utilise ton ordinateur un instant ? J'ai un truc à te montrer après.

Malcolm opine et, alors que je prends place derrière son bureau, il lit posément, une fois, deux fois, puis trois.

Au bout d'une bonne demi-heure, il allume une cigarette, se lève pour aller ouvrir les fenêtres et le bruit de la circulation sur le boulevard envahit toute la pièce.

– Je te la fais courte et vulgarisée, ou en détail et jargonneux ?

– Tu peux faire un mix ?

– Bon, tu m'arrêtes quand t'es largué, d'accord ?

Il vient s'asseoir en face de moi, dans le fauteuil destiné à ses patients, étale les feuillets sur le bureau, jette un dernier œil sur la lettre de Llanos, puis la repose, met sa cigarette sur le rebord de son cendrier et croise les doigts. Encore un grand cérémonial.

– Déjà, il s'agit d'une personnalité perverse, ça, tu l'auras compris. Son rapport à la loi est pour le moins précaire. Les autres sont traités comme des objets de plaisir, sans sentiment d'altérité. Le fait qu'il t'accuse d'être un personnage dangereux n'est que le reflet d'une identification projective. C'est-à-dire que c'est bien lui le nuisible, et ça, il le sait pertinemment. S'il te craint – et je pense même qu'il te redoute –, c'est uniquement parce qu'il a senti de la détermination chez toi et que cette détermination conditionne la sienne propre. Comme tous les pervers, il peut se déprimer et son alcoolisme reflète son homosexualité latente. Voilà en gros ce que je peux en dire. Ça va ? T'as suivi ?

– Attends, c'est tout, là ?

– Ben, euh… il faudrait sans doute que j'étudie ça plus en profondeur, évidemment, mais…

– Tu commences en me demandant si je veux la version pro ou le résumé, et en cinq phrases tu m'expliques que ce type qui me ruine l'existence est juste un pédé refoulé ? C'est ça que tu dis ?

– Non. Moi, je dis rien. C'est lui qui le dit.

– Tu pousses pas un peu trop loin ?

– Écoute, tu m'as demandé…

– Rhâââ ! Ça va. Ce que tu peux être susceptible. Tiens, pour te détendre, regarde ça…

Je rouvre l'écran de l'ordinateur de Malcolm et je le tourne vers lui en pouffant. Il plisse les yeux, pas bien certain de ce qu'il est en train de voir :

– C'est quoi ce truc ?

– Ben, tu reconnais pas ?

– Non…

Et dans un grand éclat de rire, je crache :

– C'est un cul de fouine empaillé pour accrocher au mur comme un trophée de chasse… Aaaaaaaahaaaaa-haaaaah !!!

Malcolm regarde la photo que j'ai dénichée sur Internet pendant qu'il tentait de comprendre la personnalité de Carlos Llanos, puis il lève les yeux vers moi qui suis en train de reprendre mon souffle en essuyant mes larmes. Il est consterné. Je me calme en me rendant compte du ridicule de la situation et surtout de l'état semi-dépressif dans lequel je me trouve.

Malcolm finit par baisser le regard en secouant la tête de droite à gauche, fouille pendant quelques secondes dans l'entretien de Llanos, et en tire une page qu'il me pose sous le nez. De l'index, il martèle alors le milieu de la page :

– Tiens, relis ce passage, ça va te recentrer un peu.

Je relis et ça me recentre. Finie la fouine. Llanos m'avait prévenu dès notre première rencontre :

> Vous voulez que je vous dise, monsieur Lapelouse, depuis ma naissance j'ai l'impression que tout ça n'est pas vrai. C'est tellement gigantesque qu'il m'a fallu me persuader pendant toutes ces années que tout ça était réellement en train de m'arriver.

Le sous-texte était d'une évidence si aveuglante que j'entends Carlos Llanos ricaner depuis les limbes : « Il m'a fallu des années… pour fabriquer ce dossier et toutes les conséquences qui vont en découler, mon cher monsieur Lapelouse ! »

☑ Pleurer un bon coup.

37

Encore un nom à la con

– Oui ?

– Elena Maura à l'appareil. Vous avez de quoi noter ?

– Je vous connais ?

– *La Bandera negra.*

– Ah, pardon… Je vous écoute.

Je note l'adresse mail de la rédaction et, après avoir raccroché, je reprends les huit pages de la retranscription. Au milieu du roman de Carlos Llanos, lorsqu'il me raconte qu'il a tout tenté pour prévenir la rédaction de *La Bandera negra* qu'ils étaient en train de se faire manipuler, je lis cette autre petite incongruité :

> J'ai tout essayé. J'ai téléphoné, j'ai écrit, je les ai inondés de **mails**…

Elena Maura m'a dit au cours de notre dernier entretien téléphonique qu'à *La Bandera*, on ne donnait jamais l'adresse mail du journal à qui que ce soit. Si je relis l'intégralité de l'entretien, je suis à peu près certain que je vais trouver encore tout un tas de ces petits cailloux qu'y a semés Carlos Llanos. Ce type m'a non seulement piégé, mais en plus il s'est démerdé pour que je remonte la piste et obtienne d'une manière ou d'une autre des explications.

Dans les dix minutes qui suivent, la capture d'écran de Carlos Llanos en train de me jouer sa comédie talentueuse s'enfuit dans les tuyaux de la communication mondialisée.

La Bandera negra m'est apportée trois jours plus tard, sous enveloppe papier, par une Camille aux racines impeccables. Ce matin-là, sous sa blondeur retrouvée, elle est extatique :

– Je prends mon vendredi, Richard. Ce n'est pas négociable. Et c'est tant pis si vous me virez, je prends mon vendredi quand même.

– Ah !

– Oui. C'est comme ça.

– Bon.

– Bien. Voilà, c'est tout.

– Je peux savoir pourquoi ?

– Non, parce qu'une fois de plus, vous allez vous moquer de moi, donc non. Je prends mon vendredi, point final.

– Laissez-moi deviner... Laurent Peyrac.

Camille blêmit et s'assoit comme si elle venait de tomber du plafond.

– Vous avez fouillé mon bureau !

– Pas du tout.

– Comment vous savez alors ?

– Je suis tombé sur une émission de radio l'autre jour en essayant de sortir de Paris. Y avait une pub absolument atroce où ils annonçaient un antépénultième concert de Laurent Peyrac à Dannemois.

Du miel d'acacia se met à dégouliner des yeux de Camille.

– Il chante bien, hein ?

Ok. Toute honte bue, avouons-le : pendant une très courte période de mon adolescence, j'ai été fan de... Mike Brant. Parfois, il m'arrive encore de me demander comment j'ai pu devenir voyou alors que le glissando des cordes en introduction de « Rien qu'une larme » me faisait fondre le cœur. Dans ma chambre, j'avais inondé le papier peint imposé par ma mère d'une bonne centaine de posters de ce chanteur suicidaire. Lorsque j'ai appris, en mai 75, qu'il avait finalement trouvé une fenêtre assez haute pour se jeter par-dessus bord, j'ai passé trois jours à courir les agences de voyages pour pouvoir assister à ses funérailles à Haïfa. Mais j'estime qu'à onze ans, j'avais l'âge requis pour ce genre de débordements.

La chance que j'ai eue, c'est que le mythe de Brant n'a pas duré très longtemps et que ses sosies ont vite été détrônés par ceux de Cloclo. Donc, qu'un individu comme ce Laurent Peyrac investisse une vie entière dans la prolongation de ce folklore qu'à l'époque déjà je vomissais me laisse coi. Non, il ne chante pas *bien*, Peyrac. Il chante *comme* Claude François. Et pour ma part, j'aurais aimé que le 15 mars 1978, dans un grand mouvement de désespoir communautaire, tous les mordus de ce nain rachitique à costumes lamés rentrent chez eux après l'enterrement et tentent à leur tour d'aller changer une ampoule avec les deux pieds dans la flotte. Voilà. Mais je ne vais certainement pas prêter le flanc à la moquerie en avouant ce passé coupable. C'est donc avec une voix très assurée que je lui lance :

– Johnny Rotten, ça c'était un chanteur.

– Sauf que Johnny Rotten n'est pas mort jeune, donc il s'est dégradé. Du coup, passé la quarantaine, son nom de scène lui allait déjà comme un gant.

– Parce que vous connaissez le punk, vous ?

– Évidemment. C'est même grâce aux pouvoirs musicaux de Claude que ce mouvement débile n'a pas atteint les falaises de Calais. On est donc d'accord pour mon vendredi.

– Ça vous a coûté tellement cher d'aller vous faire refaire les racines que je ne peux plus dire non. Allez, sortez d'ici.

– *Mais si je dois partir / Je voudrais que tu saches avant / Que l'on m'a toujours quitté, toujours laissé...*

– Camille, sortez de mon bureau !

– *... Et que j'ai toujours pensé pour deux, vécu pour deux / Et que je n'ai jamais su dire adieu / Mais tu sais que j'ai toujours / Toujours su être malheureux...*

Mon tampon automatique, qui, avec ma plaque en cuivre, fut le premier investissement de ma société, trace une fulgurante droite dans les airs avant de rebondir sur ma porte qui vient de claquer. Sur la coursive, Camille brame encore :

– … *Bernadeeeeeeeette ! / Ne me repousse pas car sans toi je ne saurai pas où aller…*

J'ouvre l'enveloppe et sort le numéro de juin de *La Bandera negra* alors que de l'autre côté du mur la musique explose, prenant le relais de ma secrétaire, pile-poil sur le refrain. L'isolation phonique n'y peut rien. Cette fille est un très rare spécimen. Moi aussi, comme l'autre dingue du Bon Coin, je vais me trouver un bon taxidermiste qui la mettra hors d'état de nuire. Mais je ne la collerai pas au mur. Non. J'irai faire la tournée des écoles pour montrer aux enfants les dangers de l'addiction.

À Saint-Christoly, la quadra au décolleté n'est plus là, mais elle m'a laissé quelques-unes de ses camarades de jeu pour me permettre de patienter jusqu'à l'arrivée de Daniel.

– C'est une assez belle imitation, en effet.

Il est soigneux, Daniel. Il a rassemblé deux tables sur lesquelles il ouvre les deux mensuels et il se met à tourner les pages avec une tendresse d'horloger.

– Le papier ?

– Il faudrait faire des analyses, mais ça ne mènerait nulle part. Ce type de pulpe est utilisé par des milliers de quotidiens à travers le monde. Le seul truc un peu satisfaisant pour vous, c'est que les dimensions sont les mêmes que celles de l'original, exactement. C'est un format pas forcément courant.

– Donc il peut provenir du même journal ?

– Mouais. Je connais pas bien les canards espagnols pour faire l'expert à ce point-là, mais vous pouvez toujours chercher de ce côté. Ah, attendez, je voudrais voir quelque chose...

Il déplie alors les deux gazettes à l'avant-dernière page et son regard se met à sauter de l'une à l'autre.

– C'est le même ours.

Une fouine, maintenant un ours. Un peu lourd, le Daniel.

– Où ça un ours ?

– Là, cet encart, on appelle ça un *ours* : c'est la carte d'identité de la rédaction. On y inscrit le capital de l'entreprise, le nom de l'actionnaire principal, celui du rédacteur en chef et du responsable d'édition – le type qui file en correctionnelle dès qu'un de ses journalistes a écrit une connerie – et ceux du comité de rédaction.

Il déplace son doigt sur l'exemplaire de Carlos Llanos.

– Et regardez ici : même rédactrice en chef, mêmes collaborateurs, mêmes crédits photos à deux ou trois exceptions près.

Une première piste qui ne prend pas l'eau. J'avale la moitié de ma bière en fermant les yeux. Je les rouvre en reposant mon verre :

– Vous avez eu le temps de traduire les articles ?

– Oui. C'est une assez belle performance.

– C'est-à-dire ?

– Je ne sais pas bien ce que vous recherchez, monsieur Lapelouse, mais lui, il sait ce qu'il fait. Chacun de ces papiers a son style propre et il aurait pu se contenter de copier-coller des articles déjà existants. Or, non. Il s'est fait chier à écrire lui-même des chroniques en imitant les styles des autres journalistes.

– Il les a tous écrits lui-même ?

– Oui. Soit ça l'a amusé, soit c'est un grand malade.

– Je peux vous les laisser, si vous voulez.

– Pour ?

– Approfondir la comparaison.

– C'est vous qui êtes un grand malade, Richard. Vous êtes en train de claquer beaucoup d'argent et de temps dans ce truc.

– Allô ?

– Elena Maura, de *La Bandera negra*.

– Apportez-moi de bonnes nouvelles.

– Désolée. Personne ici ne connaît votre homme.

– Sûre ?

– Certaine.

– Juste une question.

– Je n'ai pas le temps, monsieur La Peluz.

– Eh bien vous allez le trouver parce que votre journal est suspecté d'avoir abrité un homme sur qui pèse un mandat Interpol de première bourre.

– Vous êtes d'Interpol ?

– Disons que j'ai à mon actif quelques investigations qui ont fait sérieusement avancer leurs affaires ces dernières années.

– Une seule question alors.

– Vous m'avez dit que votre journal avait déposé le bilan en octobre 2012 avant de reprendre ses activités au printemps dernier. Je voudrais juste savoir ce qu'est devenue votre entreprise pendant ce laps de temps puisque, visiblement, vous n'avez pas changé d'adresse.

Sa réponse commence par un long silence que je remplis moi-même de tout un tas de soupçons, comme en ont, je le suppose, tous les enquêteurs qui se retrouvent un jour dans ce type de situation sans point de mire. Puis j'entends qu'elle allume une cigarette – nouvelle tentative, je tiens à y croire, de meubler le temps et de se donner une posture.

– Détective, donc.

– Non, madame Maura, je ne suis pas détective, je suis tueur à gages low cost, je recherche un homme que je suis censé abattre et qui s'est gazéifié dans l'éther. Mais comme aucun être humain n'est capable de se gazéifier à part dans les *comic books* américains, je remue ciel et terre. Et pour l'instant, la terre et le ciel, j'en suis bien désolé mais c'est vous.

Ne me demandez pas comment j'ai traduit ça dans un anglais accessible à tous, je vous répondrais que soit cette lecture vous ennuie, soit vous êtes aussi suspicieux que moi. Le fait est que j'ai, en gros, fait passer cette idée et qu'elle a été comprise dans son ensemble.

– Bien, monsieur le tueur à gages. Sachez donc que nous avons déposé le bilan le 28 octobre 2012 après quinze années d'exercice et que notre société a été placée sous le contrôle d'un administrateur qui devait s'occuper de liquider nos dettes en vendant à l'encan ce qui pouvait l'être. Vous avez peut-être l'équivalent en France, donc vous devez savoir que ce genre de vautour commis d'office s'embarrasse moins de scrupules que de lignes comptables. Il s'avère que dans notre malheur, nous sommes tombés sur la bonne personne. Notre administrateur avait du bien et cherchait un placement pour sa retraite. Il nous a fait comprendre qu'en quelque sorte, il usait de sa fonction pour chercher ce bon placement. Et après avoir mis son nez dans notre affaire, il nous a convoqués. *La Bandera negra* milite depuis des années auprès des gouvernements successifs pour que soient mis au jour les charniers de la guerre civile. Or cet homme est le fils d'un camarade de la colonne Durruti disparu en 53 du côté de Salamanque. Notre journal ne pouvait donc que l'intéresser. Il a décidé de réalimenter lui-même notre chaudière, et nous avons redémarré au mois d'avril dernier. Est-ce que j'ai répondu à votre question ?

Énorme. C'est tout simplement énorme. Au point que ma gorge se serre, non pas d'émotion mais de rage.

– Comment s'appelle votre gentil administrateur, madame Maura ?

– Nous avions parlé d'une seule question… Et vous, vous êtes qui au juste, monsieur Interpol/tueur à gages/détective ?

– Je vous ai dit qui j'étais. Contentez-vous de l'histoire du tueur à gages. Votre administrateur, s'il vous plaît, madame Maura.

– Son nom vous avancera à quoi ?

Elena Maura est sans doute, de par sa mission hautement humaniste et éprise de vérité, une femme tout à fait fréquentable. Comme bon nombre de ses semblables sur la planète, elle doit consacrer beaucoup d'énergie à tenter de comprendre pourquoi, après chaque dictature, la démocratie refait son nid en gardant dans ses rangs, et selon la théorie inique de la grande union nationale, quelques-uns des ennemis qui, la veille encore, mettaient le pays en coupe réglée. Elle n'en reste pas moins une sale petite personne qui sait tout à fait profiter de son pouvoir quand elle a conscience d'en avoir un. Et dans de tels moments, elle adore jouer la montre. Je me retiens pour ne pas lui hurler dessus :

– Si ça peut vous rassurer, je vais le noter sur un Post-it qui restera collé sur mon bureau jusqu'à ce que la femme de ménage le jette par mégarde et qu'il finisse ses jours dans un centre de recyclage. Puis-je avoir son nom, madame Maura ?

Silence sur la ligne. Aurait-elle mis sa main sur le micro pour ne pas que j'entende son orgasme ? Non. La revoici et elle m'annonce :

– Javier Tenaguillo y Cortázar.

Voilà. J'y ai cru comme dans les films d'Hitchcock on se laisse guider par la partition de Bernard Herrmann. Et au moment du coup de cymbales, ce nom à la con : Javier Tenaguillo y Cortázar.

Autant dire personne. Au moins, je coche une case, ce qui, par les temps qui courent, est toujours ça de pris.

☑ Chercher le fil d'Ariane en remontant le plus loin possible.

Niveau -4

OLIVIER MENDEZ

38

Dick à la plage

Alors que Camille et sa ribambelle de semblables se défoncent joyeusement les tympans dans le parc d'un moulin de l'Essonne en écoutant un sosie ringard imiter un chanteur déjà has been de son vivant, je flingue mon week-end à découdre et recoudre dans tous les sens une affaire qui n'est même pas l'ombre d'elle-même. Mon bureau est devenu le classeur éventré du dossier Llanos pseudo-père et proto-fils.

Au propre comme au figuré, il y en a partout, dans tous les coins, collé aux murs, tapissant le sol. Seul le plafond, de par sa hauteur, échappe à l'envahissement.

Vendredi soir, Braun est passé me présenter ses hommages. À cette lointaine époque, la place était encore à peu près nette.

– Tu veux pas venir dîner ?

– Non, Malcolm, je te remercie, mais déjà je m'en sors pas et j'ai pas envie d'y passer mon week-end.

– Bon, j'insiste pas. Tiens, je te laisse ça. T'auras peut-être besoin d'un bon coup d'accélérateur de particules.

– C'est quoi ?… Ah ouais, merci.

Braun a déposé dans un coin encore vide de ma table de travail un petit sachet de cocaïne et il est sorti sans que je lui jette un regard. Le samedi soir, l'emballage plastique gît éventré, vide et maintes fois léché, sur mon bureau. Quant aux particules que cette merde chimique lavée au kérosène et coupée au lactose a accélérées, elles ont fait, les unes après les autres, des sorties de piste spectaculaires. J'ai la tête comme un far breton, je mouche du sang, j'ai dormi en tout et pour tout six heures et, au réveil du dimanche matin, je repense soudain à ma petite Philippine du début de semaine.

D'abord, je me dis : « Et merde ! » Puis, j'ouvre mon coffre, récupère l'enregistrement de son audition que je me passe en accéléré et dont je fais une copie audio que je mets sur clé. Je n'en retiens qu'une chose : du côté du Porge, un couple malmène quotidiennement une jeune Philippine afin qu'elle nettoie, à quatre pattes et sans trop protester, leur petite vie de nobliaux.

– Tu vas y aller ?

Je sursaute. Dionne est là, assise face à moi, dans un survêtement baggy d'un vert pâle encore plus immonde que le rose de Barcelone. Je me récupère comme je peux. Je me retiens surtout de ne pas bondir par-dessus mon bureau pour la gifler, l'embrasser, la détruire à coups de syntaxe, la prendre dans mes bras, la serrer contre moi, lui lécher l'oreille comme un labrador de retour du chenil.

– Ça servirait à rien, Richard.

– Putain, t'étais où !?

– Ça y est, tu me tutoies enfin ? J'étais là.

– C'est ça, ouais. Regarde-moi ça le bordel que j'ai semé depuis que t'es partie.

– Oh, Richard ! Atterris, là. Tu parles à ta conscience, pauvre pomme. T'es complètement à côté de la plaque. T'es en train de te noyer dans cette merde, tu t'en rends compte de ça ? Et comme si ça suffisait pas, le seul truc que t'as trouvé pour te changer les idées, c'est d'embrayer sur une autre affaire sans même avoir tous les éléments.

– J'embraye pas, je vais m'aérer les synapses et faire quelques vérifications. Ça y est ? Tu recommences à me fliquer ? Parce que si c'est pour ça que t'es revenue, tu peux faire demi-tour, j'ai pas besoin de ça.

– Tu comprends vraiment rien à rien, hein ? Mais enfin, tu vois pas que t'es pas en état ? Tu vois pas que tu vas faire une connerie en allant là-bas ? Ouvre les yeux, par pitié. C'est pas ça qui va te permettre d'affronter la réalité.

– Ah ouais, et c'est quoi d'après toi ? Tu peux me dire ?

– Ça, là ! Tout ça !

Je suis son doigt qui montre mes murs.

– Ça, c'est toi. Tu tournes en rond parce que tu veux rien voir, mais ça, ça te dévore. Et ce qu'il y a derrière, c'est encore pire, crois-moi. Je te flique pas, je te jure. C'est pas mon rôle. Je suis juste revenue pour te dire d'arrêter cette ritournelle une bonne fois pour toutes.

Je me lève, je repousse mon fauteuil, je la regarde, je demande :

– Tu viens avec moi ?

Elle me répond :

– Je crois pas, non.

Tout ragaillardi par ce que je considère, à la légère j'en conviens, comme une simple petite engueulade entre deux personnes un peu à l'étroit dans la même boîte crânienne, je quitte les locaux et pars à la recherche d'une voiture facile à ouvrir et équipée d'un autoradio avec port USB. Je perds une demi-heure mais je trouve une Fiat 500 et, sur la route, j'octroie un peu de concentration au récit de Mlle Lani Da Cruz.

M. Paternot, diplomate en poste pendant huit ans à Manille.

Mme Paternot, son épouse.

Ysaline Da Cruz, femme de ménage dans le civil, esclave sexuelle du couple dans le privé.

Au moment du retour en France, Ysaline accepte de partir avec ses patrons. On lui promet une régularisation une fois dans l'hexagone, mais à l'aéroport de Mérignac, M. Paternot lui prend son passeport. Le voyage vers la belle maison du Porge et l'enfer qui l'y attend commencent quand la portière de leur Mercedes claque.

Au bout de deux ans, Ysaline arrive à s'échapper. Et en se rendant à la gendarmerie la plus proche, sur le bord de la route, elle se fait intercepter… par des gendarmes. Pas de papiers. Pas une broque de français. Aux pandores finalement bien moins rassurants que ses employeurs, Ysaline lâche, en dernier recours, le numéro de téléphone des Paternot. Le diplomate débarque, affolé, présente le passeport d'Ysaline, explique qu'elle est en vacances et qu'elle a dû se perdre. Retour à la maison. Seul point positif de sa fuite avortée, Ysaline a trouvé une boîte aux lettres dans laquelle elle a glissé quinze pages d'autobiographie à destination de Palawan où réside sa sœur.

Lani Da Cruz débarque en France trente-cinq jours plus tard, balance ses dernières économies dans un taxi qui l'emmène au Porge moyennant 350 euros tout rond. À peine a-t-elle frappé à la porte des Paternot que la gendarmerie débarque. Lani est arrêtée pour tapage et harcèlement. Elle est reconduite à l'aéroport où on la confie à la police de l'air et des frontières. Dans le laps de temps qui sépare le départ des gendarmes et l'arrivée des policiers, elle s'échappe et traîne pendant deux mois dans des foyers pour SDF de Bordeaux. Elle vole un vélo, fait plusieurs fois par semaine l'aller-retour au Porge, soit une centaine de bornes à chaque fois.

Mais Ysaline est invisible.

Un collectif d'aide aux sans-papiers recueille Lani et, enfin en confiance, elle leur raconte l'histoire de sa sœur. Des démarches sont lancées, la gendarmerie de Bordeaux est chargée de l'enquête, mais soucieuse de l'esprit de corps, elle se fait annoncer auprès des collègues du Porge. Et, au Porge, on apprécie beaucoup les Paternot. Comme dans tous les petits bleds, on couve ses notables. On les informe donc illico de la visite prévue.

Quand les képis bordelais débarquent enfin chez les Paternot, Ysaline a eu tout le temps nécessaire pour apprendre sa leçon à coups de trique. Les gendarmes ferment l'enquête et se retournent contre le collectif de sans-papiers, qui se retourne contre Lani, qui s'enfuit à nouveau. Et, avec beaucoup de fils et quelques aiguilles, elle débarque boulevard Wilson.

La maison des Paternot est retirée dans la zone forestière du Porge. On y arrive en suivant la route qui mène au littoral. À quatre kilomètres du bourg se trouve un canal que l'on nomme le « canal des Étangs » parce qu'il traverse la région du nord au sud entre le lac d'Hourtin et le bassin d'Arcachon. Avant le petit pont qui enjambe cette rivière semi-artificielle, il faut bifurquer à gauche et prendre un chemin goudronné sur près d'un kilomètre.

Au bout de ce chemin, il y a un pavillon d'architecte. Ni plus beau ni moins moche qu'un autre, tout juste un peu plus prétentieux, et ce certainement parce qu'il appartient à des diplomates. Devant sont garés un Porsche Cayenne et une SLK caricaturaux. Autour, un hectare et demi de terrain planté de pins maritimes et de chênes. Dans ce genre de décor, éloigné de toute civilisation, on imagine les craintes des propriétaires. Cambriolages, agressions nocturnes, séquestrations et hurlements de douleur se perdant dans le vide de la forêt. Or ici, justement, les propriétaires vivent, semble-t-il, sans peur aucune. Au contraire même, ce sont eux qui l'infligent. Du coup, ils ne possèdent pas de chien.

Madame est blonde, filiforme quoique épaisse des mollets. Monsieur est chauve, grand, sportif et soit il s'apprête à sortir faire un tennis, soit il affectionne le style Wimbledon pour ses promenades dominicales. Madame ferme la maison, elle porte un sac de plage, monsieur la rejoint en faisant sauter ses clés de voiture dans sa main. Pas de raquette en vue. Le Cayenne recule, le portail automatique s'ouvre, le Cayenne sort, le portail automatique se referme, le Cayenne manœuvre et, à la vitesse d'une balle graissée, enfile la petite route qui conduit à la départementale.

Dans un sabir mâtiné d'une langue des signes approximative, Lani a réussi à exprimer plutôt clairement son souhait le plus cher. Néanmoins, elle a été incapable de déterminer la forme que cela devait prendre. Elle m'a juste fait comprendre qu'il faudrait que ce soit violent et moche. Je lui ai expliqué la page 227. Elle a applaudi avant de se rendre compte que c'était peut-être un peu déplacé, alors elle a levé les yeux au ciel, elle s'est signée vingt-sept fois en récitant trois Ave et deux Pater, puis m'a demandé si elle pouvait me payer en trois fois sans frais, *please*.

D'où ces repérages.

D'où maintenant la décision que je prends de mettre à profit la fin de cette journée pour avancer la date d'exécution du contrat. C'est sans doute un peu précipité, mais je n'ai pas que ça à faire.

Je suis les Paternot jusqu'à la plage. Ils se garent sur le parking, je me gare un peu plus loin. Je les laisse prendre leurs effets, fermer leur coffre, s'éloigner en direction des dunes et disparaître derrière. Puis je descends à mon tour et sors faire mon office à l'abri des regards.

Moins d'une heure plus tard, je suis de retour dans ma Fiat d'emprunt et, après m'être nettoyé les mains à l'aide d'une bouteille d'eau, la première chose que je constate me désespère : je n'arrive pas à lire. Oui, c'est un supplice que d'être coincé dans une voiture, quatre heures durant, sans autre accessoire pour se distraire qu'un roman qu'on est dans l'impossibilité de lire.

Pourquoi n'y arrivé-je pas ? Parce que, dans ma tête, je me livre à une logorrhée critique de plus en plus noire. Je regrette d'être venu jusqu'à l'océan, en cette après-midi de juin, pour m'imposer une surveillance stupide depuis la moleskine pleine peau d'une Fiat 500 volée, sur un parking écrasé de soleil. Je me rends compte que je n'ai même pas pensé à prendre un short, que je suis en jean et chemise à manches longues. Alors je sue et de mon corps remontent des odeurs qui m'écœurent. Je me dis et me répète que j'aurais mieux fait de rester chez moi à m'user les neurones sur mon puzzle de cinq mille pièces catégorie olympique dont l'image ne prendra peut-être jamais forme parce que le modèle n'était pas livré avec.

Llanos, putain, Llanos !

Comme cette seule pensée me ramène à Dionne et à ses imprécations castratrices – qu'est-ce qu'elle a bien voulu dire par « arrêter ces conneries une bonne fois pour toutes » ? –, je me force à reprendre ma lecture et je jure de m'y tenir.

Las ! Dès le troisième paragraphe, je découvre que je ne me souviens déjà plus des deux précédents, alors je sors fumer une cigarette. Là, debout sur le goudron brûlant, dégoulinant comme un porc malade, je décide de changer de méthode pour chasser Llanos de mon crâne. Le seul moyen que je trouve, c'est de troquer l'angoisse contre la frustration. J'en viens donc à deviner la température de la mer et la force tranquille des vagues, là-bas derrière la frontière des dunes. Ces vagues dans lesquelles s'ébattent des hommes se croyant sans souci. Je les imagine sortant des rouleaux et allant rejoindre leur serviette où les attendent un magazine, une femme, voire les deux. Je ressens leur incompréhension peinée lorsqu'ils constatent que les dames d'aujourd'hui ne se promènent plus seins nus en bord de mer alors que paradoxalement, il n'y a jamais eu autant de candidates à la chirurgie d'augmentation mammaire…

J'écrase ma cigarette avec amertume. Moi aussi, je fais un constat effarant : quelle que soit l'histoire que je m'invente pour éviter de songer au pire, elle finit par tourner au drame.

39

Un modèle de précipitation

Les Paternot rejoignent le Porsche Cayenne à la nuit tombée. Je suis partiellement déshydraté, complètement déprimé et à la limite de la pendaison mentale. Après avoir ralenti pour négocier le rond-point de sortie, leur véhicule bondit sur la départementale. Je leur laisse un peu de distance et, tous feux éteints, je viens me glisser dans leur sillage.

Ils passent aisément les quelques courbes sans même appuyer sur le frein, ce qui aurait bien arrangé mon affaire. À la lueur de leurs pleins phares, je devine au loin la passerelle qui franchit le canal des Étangs. Certes, je n'ai pas pris l'option la plus simple, mais comme je suis un garçon qui, en mission, laisse ses doutes aux vestiaires, je rétrograde en quatrième et la petite Fiat 500 fait une jolie embardée sur la route. Moteur couinant, j'entame mon dépassement à trois cents mètres du viaduc, puis je reste à distance raisonnable sur la voie de gauche, dans leur angle mort. La Fiat tient la route, mais tout le panneau aviation tremble comme pour un alunissage. Lorsque le Cayenne pose ses deux roues avant sur le premier joint du pont, je rétrograde à nouveau, double le 4x4 en appuyant sur le klaxon, et je me rabats brusquement devant eux en déclenchant les antibrouillards.

Alors que déjà je m'éloigne, M. Paternot enfonce son pied droit sur la pédale de frein qui plonge dans le vide. Mme Paternot n'a même pas le temps de crier, son époux vient de braquer brusquement. Le Porsche Cayenne traverse la balustrade métallique en vrillant. Le bloc de béton de l'écluse en contrebas décapite l'habitacle à plus de cent kilomètres-heure.

Inutile de chercher à savoir comment on fusille le système de freinage hyperperfectionné d'un Porsche Cayenne avec un bête couvercle de boîte à camembert et un rouleau de fil de cuivre, je ne vous le dirai pas. D'un, parce qu'il y a parmi vous des êtres malveillants. De deux, parce que je risquerais d'avoir des ennuis avec cette marque allemande.

Je ralentis cinq cents mètres plus loin et je me gare à l'entrée de la piste forestière. Je traverse le bois en courant et j'arrive sur le canal en sueur. Le 4x4 semble être tombé du ciel comme un chat auquel on aurait préalablement coupé les pattes. Mais au moment où je pose un pied sur l'écluse défoncée, la portière du passager s'ouvre et le corps de Mme Paternot glisse à l'extérieur. Ses clavicules sont repliées l'une sur l'autre et je ne sais même pas comment elle fait pour tendre le bras et appeler à l'aide. Il n'y a que de l'air qui sort de sa gorge. Sa voix est morte avant elle.

Voilà comment on salope le boulot. En voulant aller trop vite. « Arrêter tes conneries une bonne fois pour toutes… »

Avec mon pied, je teste la solidité de la structure qui soutient à elle seule plus d'une tonne de métal broyé. Puis je prends appui sur le bord de la portière, me penche et, sans même regarder les yeux de Mme Paternot qui me supplient, je plaque ma main sur sa bouche et de l'autre je lui pince le nez.

Ce que je ressens au cours de ces longues minutes d'attente et d'agitation spasmodique, dont j'ai pourtant une grande et longue habitude, est innommable. Je ne veux pas me laisser déborder par toute la merde qui m'envahit à cet instant mais ça n'est pas vraiment possible. J'ai trop parlé à Braun, je me suis trop exposé à moi-même, j'ai trop brassé et mes sédiments sont là, annihilent ma froideur, mon courage, mes forces et tout ce que, jusqu'ici, j'avais fabriqué de leurres pour les tenir à l'écart. Je ne retrouve un peu de stabilité qu'au moment où Mme Paternot cesse enfin de lutter.

La Voie lactée est parfaitement visible d'ici. Comme dans les films de Spielberg, une étoile filante passe et puis c'est terminé. Elle n'est plus là.

40

Nique à Dick

Je rejoins la Fiat en traînant des pieds et, une fois assis à l'intérieur, je reste un long moment les mains sur le volant. Je n'arrive même pas à penser. J'ai juste l'impression d'avoir un trou quelque part et il faudrait que je me palpe pour le localiser. Ça me rappelle que oui, j'ai effectivement un trou, là, de part et d'autre de mon flanc droit. La balle de Blondel. Et que je l'ai complètement oubliée. Pas de douleur, donc pas de question. Ça s'appelle un « dégât collatéral » et, depuis le temps, je suis immunisé contre la peur que ça pourrait me causer au moment d'aller au charbon.

Le charbon, c'est tout à fait ça. Je suis une sorte de mineur, je descends dans le trou et je n'ai pas peur parce que si j'avais peur, je ne pourrais plus descendre, ce qui aurait pour conséquence que je ne serais plus personne, plus rien. Quand un pilote de chasse se tire d'un crash, il paraît que son instructeur a ordre de le remettre immédiatement dans un autre avion et de le renvoyer dans les airs aussi sec. Pour qu'il n'ait pas le temps de réaliser ce qui vient d'arriver. Pour ne pas qu'il ait peur. Moi, c'est pareil. D'une mission l'autre. Je suis mineur et pilote de chasse. Je monte ou je descends, ça dépend de la feuille de route…

– Comment peux-tu faire des choses pareilles et penser encore que tu es un type bien, Richard ?

Je jette un œil dans le rétro. Elle est là. Elle a changé de vêtements, ça lui va mieux que le survêt, ce petit tailleur sombre. N'est-ce pas d'ailleurs celui qu'elle portait quand je l'ai rencontrée ?

– Arrête de t'enfuir dans tes pensées et réponds-moi.

– Je ne sais pas faire autre chose.

Le double fond de ma réponse fait tristement soupirer Dionne et elle s'enfonce dans la banquette arrière. Je démarre.

Mon programme est simple.

Je vais rentrer sur Bordeaux et partir en maraude sur le quai de Paludate, chercher un quartet de bars à la hauteur de mon état, y vider des verres d'alcool de grain sans regarder à la dépense, puis, une fois cisaillé, je reprendrai cette voiture ou une autre, et j'irai zigzaguer dans le quartier jusqu'à débusquer une Moldave usée.

Au fil des kilomètres qui nous ramènent en ville, j'imagine sous toutes les formes possibles ce que je serai incapable de faire à une pute cette nuit. Ma queue refusant de bander au point de se ratatiner au fond de mon scrotum. La fille me prenant dans ses bras. Je me vois pleurer entre ses seins avec une précision telle que je peux même sentir l'odeur infecte qui se dégage de son corps rompu par la journée : sueur, salive, foutre, eau de Cologne chinoise.

J'aurais tellement aimé que Dionne me saute dessus, m'arrache les cheveux, me griffe le visage et que la Fiat parte en tonneau avant de finir dans une formidable explosion. Mais que dalle ! Elle me laisse tranquillement dérouler mon film sinistre jusqu'à ce que je me gare, comme prévu, quai de Paludate, devant le seul bar à peu près sordide et encore ouvert à cette heure.

Le comptoir est collant de bière sèche et, à chaque fois que je lève un verre, j'ai la désagréable sensation que je vais y laisser mes coudes. L'endroit est presque désert, à peine une douzaine de personnes avachies mollement, buvant mollement, parlant mollement ou battant mollement la mesure de la musique molle qui s'échappe des baffles. Moi qui jusqu'ici me vivais comme un être plutôt exceptionnel, je me retrouve dans la plus banale des situations : je me saoule pour oublier qui je suis, ce que j'ai fait tout au long de ma vie et ce que l'avenir me réserve. Bref, un type d'une totale normalité. Et je juge cette normalité bien pire encore que la banalité. Je ne saurais m'expliquer sur ce point, parce que j'ai bien trop bu et que je ne souhaite pas m'arrêter en si bon chemin. Mais croyez bien que je suis très sérieux – et ce disant, mon coude glisse hors du comptoir, ce qui entraîne mon corps lourdement vers le bas, je me rattrape in extremis à la pompe à bière et je souris de travers à l'adresse du barman qui m'a regardé faire, mais qui en a vu d'autres et des plus acrobatiques.

Il est sympa, ce barman. Au début, quand j'allais encore à peu près droit, il m'a expliqué qu'en fait, il était pas barman mais propriétaire de ce rade pourri sans personne dedans. Maintenant que je suis raide comme un clou de cercueil, je comprends mieux pourquoi il a accepté que je lui tienne la jambe pendant des plombes. Je suis le seul ici qui consomme à un rythme soutenu. Alors il est gentil avec moi. Et cette logique finit par m'écœurer tellement que je me lève, le traite de connard et de fils de pute, et tangue jusqu'aux chiottes.

À genoux face au bol, je pense à ma mère dans la même position, quarante-trois ans plus tôt. C'est moche comme image imposée, mais au moins, ça m'aide à vomir. Une fois vidé, je glisse sur le côté et tente de m'asseoir, le dos appuyé contre un mur suintant. Mes paupières ont perdu toute vélocité et il me faut trois à cinq secondes pour les fermer et les ouvrir. La réalité est si ralentie que je confonds le battement de mes cils avec celui, répétitif, d'un obturateur de caméra défectueux. Le monde vu de l'intérieur d'un chiotte, à raison d'une image toutes les trois secondes.

Et tout d'un coup, entre deux clignements, Dionne est là, les fesses appuyées contre le lavabo, les bras croisés sur la poitrine, les cuisses découvertes. Elle a de belles jambes, Dionne. J'en suis assez fier, je dois le reconnaître. Elle ne me dit strictement rien, elle me regarde comme une thésarde en biologie moléculaire penchée sur son microscope, elle est en train de juger de la viabilité de cette bactérie que je suis devenu, mais n'empêche qu'elle a de belles jambes.

J'entends vaguement quelqu'un dans le bar gueuler : « On ferme ! » et, comme je suis parfois un garçon obéissant, je pose une main par terre, dans une flaque qui doit être de pisse, j'y glisse en me relevant, je m'affale, mais j'insiste. Debout sur mes deux pieds, je vacille jusqu'à Dionne et j'approche mon visage du sien comme elle l'a fait par deux fois déjà depuis que nous avons fait connaissance autour des qualités intrinsèques de mon petit ego. Je suis bien conscient qu'en cet instant, ma bouche refoule autant qu'un marigot en plein soleil, mais je m'en fous et je lui souffle au visage :

– Tu te rappelles un des premiers trucs que tu m'as dits ?

– J'ai beaucoup parlé, Richard, depuis qu'on se connaît. Pour ce que ça vaut...

– Tais-toi ! Tu m'as dit : « Mon gars, je suis désolée pour toi, mais tu peux pas me baiser. Dans toute l'acception du terme. » Je t'ai trouvée très préempt.. prérremptoi... pérentoire... et merde... pé-rem-p-toire ce jour-là. Parce que tu me connais pas, ma belle. Non, non, non ! Tu sais pas de quoi Dick Lapelouse est capable.

– Oh que si, détrompe-toi, Richard ! Je te vois même très bien venir.

– Aaaah ! Tu crois ça ? Eh ben regarde. T'es prête ?

Je ne lui laisse pas le temps de répondre. Je la saisis par la nuque, je la pousse contre la porte du chiotte, je m'ouvre le pantalon, je tire sur l'élastique de mon caleçon pour sortir ma bite que je trouve étonnamment grosse et dure. Je remonte sa jupe, arrache sa culotte et je lui rentre dedans d'un méchant coup de rein que je répète un bon nombre de fois. Elle ne résiste pas le moins du monde, ce qui n'est guère surprenant.

Parce que quand la porte s'ouvre à la volée et que je me retrouve face au barman, je comprends que ma bite, je la tiens serrée dans mon poing et que le sperme qui est en train d'en gicler à cette même seconde, ce n'est pas le corps de Dionne qui le reçoit. Parce que Dionne n'est pas là.

Le barman regarde son jean sans y croire, me regarde éberlué, regarde à nouveau son jean et puis s'écrie :

– Putain, mais… Putain, enfoiré, je rêve… Qu'est-ce t'as fait, là, espèce de sale pédé de merde !!?

La dernière chose que je sens, c'est sa main qui se referme sur ma chemise et me sort du cabinet.

41

Enfonçons-nous encore un peu

– Mon Dieu, quel bazar !

Je ne suis pas tout à fait disposé à recevoir les exultations matinales de Camille quand elle pénètre ici à 8 h 45. Je suis assis sur mon canapé, une serviette posée sur le visage, la tête renversée contre le haut du dossier. Le seul moyen de la faire fuir, c'est de retirer la serviette et de tourner mon visage vers elle. Dont acte.

– Oh, mon Dieu, Dick ! Qu'est-ce qui vous est arrivé ?

Une main plaquée sur la bouche, les yeux figés par l'aberration, toute sa gaieté de fan comblée par deux jours d'union spirituelle avec ses semblables s'évapore en une petite brume qui flotte autour d'elle.

– Bonjour, Camille. Votre week-end s'est bien passé ?

– Monsieur Lapelouse, il faut que j'appelle les pompiers…

– Les pompiers sont en train de ranimer le type qui m'a fait ça. Laissez-les tranquilles et dites-moi juste que je n'ai pas de rendez-vous ce matin.

– Ben si, justement. À 9 h 30.

– Le premier rendez-vous de Braun, c'est à quelle heure ?

– Hein ? Euh... à 11 heures.

– Bien. Pourquoi vous me regardez comme ça ?

Camille ne semble soudain plus du tout apeurée. Non. Elle me regarde avec une sorte de fascination qui l'oblige à se mordiller la lèvre inférieure. Elle se retient, mais je sens qu'elle a envie de sourire. Alors elle détourne les yeux pour observer l'affichage du dossier Llanos autour d'elle et, n'y tenant plus, elle lâche :

– Ça doit être diablement excitant quand même, non ?

– Quoi ?!

– Ben, votre métier. Han ! Si on m'avait dit qu'un jour, je travaillerais pour un détective privé.

– Vous voulez bien cesser votre cirque, Camille ? J'ai pas besoin de ça, ce matin. Si vous avez rien de mieux à dire, allez plutôt me préparer un café.

– J'ai de l'aspirine dans mon sac, vous en voulez ?

– Dehors ! Allez me faire un café !

Elle sort en étouffant un petit rire et me jette un dernier regard avant de refermer la porte. Elle m'a vu il y a deux semaines aux prises avec une hallucination, et elle ne m'en a jamais reparlé. Ce matin, elle me découvre tuméfié et ça lui évoque juste qu'elle passe ses journées avec un homme extraordinaire. Je me demande si, pour un temps au moins, je n'aimerais pas vivre dans le monde de Camille.

Je vire Lichtenstein, ouvre mon coffre et en extrais mon petit rossignol. Je sors sur la coursive, passe devant le bureau de Camille en comprenant que ce matin, elle surmonte avec bienveillance ses envies : pas la moindre note de musique ne sort de son local. Il faudra que je dise à Braun que la serrure de son cabinet est une escroquerie : je l'ouvre avec seulement deux lames et j'entre sur la pointe des pieds.

Je commence tout juste à passer ses tiroirs en revue quand mon portable sonne dans ma poche. Numéro inconnu. Je décroche :

– Allô ?

– Dans le minibar, sous la bouteille de Zub', y a deux cocottes. T'es gentil, tu m'en laisses une.

Je regarde mon téléphone en clignant des paupières puis je le repose contre mon oreille avant de lever les yeux vers le plafond et de tourner sur moi-même en cherchant. Braun précise :

– Le minibar est derrière toi, Dick.

– Elle est où ?

– Comme la tienne, dans la tringle à rideau. Tu te souviens même plus que c'est toi qui m'as filé les coordonnées de ton installateur, je suis sûr. T'as quoi au visage ?

Je me tourne vers la tringle à rideau et je vois le petit point noir à côté de la vis.

– Je me suis battu pour défendre mon honneur.

– Tu veux que j'avance ton rendez-vous de vendredi ? J'ai un trou entre 14 et 15.

– Non, merci. Ça ira.

Je raccroche. J'ouvre le minibar. Je prends les deux cocottes sous la bouteille de vodka et je ressors. Dans mon bureau, je pilonne le premier caillou de coke, le mets en coupe réglée et j'ouvre mon tiroir pour attraper la petite paille en argent que Malcolm m'a offerte l'année dernière pour que je ne chope pas de microbes avec mes billets de 5 euros roulés.

Le barman ne m'a touché qu'une arcade sourcilière et le maxillaire droit. J'ai tout de suite pensé aux dégâts que ça risquait d'occasionner sur mon profil à la Clooney. Ça m'a tiré de ma torpeur comme un coup de 220 et, un quart d'heure plus tard, je sortais de son établissement avec les poings en sang. Mon nez est donc intact. J'aspire sans encombre deux lignes conséquentes qui me grillent les sinus. J'attends que ça passe en me renversant la tête en arrière. Je regarde l'heure : 9 heures. Je m'accorde encore cinq minutes de répit et je reprends deux doses. Je range le matériel, je me lèche les doigts. Je ressors le matériel, je me refais une ligne moins importante que les précédentes. Je me pince le nez, je range le matériel. Je me lèche les doigts et me lève d'un bond. Je saute sur mes pieds et je pousse un cri censé tout évacuer. Trois secondes plus tard, le téléphone sonne et je gueule en direction du mur de séparation :

– Tout va bien, Camille ! Tout va TRÈS bien ! Pas d'inquiétude, je contrôle !

Le téléphone cesse de sonner. Je regarde mes murs en soufflant comme un bœuf. Allez ! Allez !

ALLEEEEZ !

PUTAIN !

WHOUHOUUUUU !!!!

Le téléphone sonne à nouveau. Je saute dessus :

– TOUT VA BIEN, CAMILLE ! TOUT VA BIEN !!!

– Monsieur Lapelouse, votre rendez-vous de 9 h 30 est arrivé. Ils sont un peu en avance. Vous pouvez les recevoir ?

☑ Prendre le temps qu'il faudra, mais ne pas se noyer.

42

Éclaircie passagère

C'est un couple de petits vieux qui ne dort plus depuis un bon millénaire. Il s'accroche à elle puisqu'il ne lui reste plus que ça. Elle s'accroche à son sac à main, comme s'il lui restait encore quelque chose à voler dedans. Or ils n'ont plus rien, à l'exception d'une retraite des Chemins de fer français. Un dénommé Cazamajor, VRP de son état, est passé par là.

– Il était tellement gentil, si vous aviez vu ça. On aurait dit notre fils. Je l'ai dit à François : « On dirait Pascal. »

Pascal – selon la loi du toujours plus dont j'ai fait moi-même l'expérience – a volé un vélo, puis une mobylette, puis une moto, puis une auto, puis une agence bancaire et a fini à Djibouti avec un képi blanc sur la tête, un nom et une nationalité d'emprunt. Sa dernière lettre date de 1993, au moment où la Légion partait pour le Rwanda.

Donc ce petit VRP, si gentil, avec sa tête de bon fils, tombe sur Edna et François Mainjotte à qui il vend une poignée d'assurances en tout genre, non sans cocher la case « prélèvement direct » des contrats, réclamer un RIB et faire signer une autorisation de ponction mensuelle sur le compte de monsieur. Alors lentement, par saccades, il allume l'aspirateur jusqu'à ce que sa poche soit pleine. Cinquante-trois mille euros. Un procès. Qui coûte au couple un bras et s'achève par la relaxe du VRP Cazamajor. Certes, les polices d'assurance de l'escroc renvoient à des conditions générales plus que discutables, mais chacune d'elles a été, page après page, soigneusement paraphée et signée par le couple.

– Je devais prendre ma retraite à soixante-cinq ans. J'avais dit à Edna qu'on partirait au Canada pour finir notre vie. Sur le mur du salon, j'avais installé un immense poster : une forêt d'érables au beau milieu de l'été indien. Cette forêt, on l'a regardée pendant des années. En comptant les jours.

À peine le non-lieu du VRP marron prononcé, l'inspection générale des impôts tombe à bras raccourcis sur le couple de plaignants. Car on chasse mollement l'évadé fiscal en lui promettant l'amnistie s'il relocalise ses millions suisses, tout en oubliant de dire que les vrais bénéfices se font sur le dos du petit contribuable qui a trichoté, bon an mal an, sur des sommes infinitésimales. Cinquante-trois mille euros, dites-vous ? Voyons donc comment les Mainjotte ont pu mettre ça de côté. Un homme à lunettes et cartable débarque dans leur petit pavillon et interroge le couple avec une austérité besogneuse. Leur histoire en vaut bien une autre et elle n'émeut guère l'agent de l'État : pour mettre du beurre dans les épinards, outre son emploi à la SNCF, M. Mainjotte a fait le maçon, le jardinier, le tapissier, l'homme à tout faire ; sa femme a nettoyé des maisons, fait du repassage, gardé des enfants. Tout ça payé en mitraille et déposé à la petite semaine sur le compte chèque. Cinquante-trois mille euros économisés sur toute une vie de labeur, la belle affaire.

Résultat, depuis deux ans, la moitié de leur retraite s'évacue vers les caisses de Bercy. Les Mainjotte ont vendu tout ce qui, chez eux, était encore monnayable. Le poster de la forêt canadienne a été décollé. Et de temps en temps, dans sa belle voiture, Cazamajor repasse par leur petite maison de Cestas, pour dire bonjour, voir comment ils se portent, bref, les narguer.

L'an passé, François a acheté un fusil de chasse. L'escroc s'est retrouvé avec des plombs dans la cuisse. Procès. L'avocat de l'ex-assureur a expliqué au juge comment ça s'était passé. Son client avait pris sur lui d'aller voir M. et Mme Mainjotte. Cazamajor était désolé que ces pauvres gens aient eu maille à partir avec le fisc. Certes, le premier procès lui avait coûté son emploi – un autre que lui leur en aurait gardé rancune –, mais M. Cazamajor était avant tout un homme de cœur. Il avait fini par trouver un nouveau travail et il s'était mis en tête d'aider les Mainjotte. Alors, une après-midi, il était allé les voir pour leur proposer un prêt. « Zéro pour cent, monsieur le juge. Voilà ce que leur a offert mon client. Et il se prend un coup de fusil ! Huit jours d'hospitalisation !! Quarante jours d'ITT !!! »

Le commis d'office des petits vieux n'a rien trouvé à dire pour leur défense. M. Mainjotte a pris six mois, dont un ferme. Il n'a pas fait appel, ils ne pouvaient plus. Et par un jeu administratif totalement hasardeux, on l'a placé à Saint-Martin-de-Ré. Deux cents kilomètres, un train, puis un bus. À quatre-vingt-un ans, Mme Mainjotte n'a pu faire le trajet qu'une seule fois. M. Cazamajor, lui, est allé le visiter quatre fois : une heure chaque semaine. « Pour le plaisir », disait-il à François en souriant.

◉ ***REC***

M. Mainjotte compulse mon catalogue pendant que son épouse se ronge les doigts. À plusieurs reprises, je suis obligé de lui demander de relever la tête pour qu'il soit bien identifiable sur la bande vidéo. Il ne comprend pas grand-chose aux clauses que je déclame mais il m'affirme à chaque fois que oui, il est bien informé de leur teneur. Il me signe un chèque à l'écriture tordue.

Puis il me regarde comme s'il avait une dernière chose à dire. Il ouvre même la bouche.

Puis il baisse les yeux et ils sortent.

○ ***PAUSE***

M. Cazamajor, affaire n° 241AC – référence catalogue 17.

J'ouvre mon tiroir, je sors le matériel, travaille la poudre en deux lignes que j'ai du mal à aspirer tant les précédentes ont fait enfler la paroi de mes sinus. Le téléphone sonne. Je décroche en me suçotant les doigts. La voix de Daniel Villemaut est couverte par un souffle infernal.

– Vous m'entendez ?

– Moyen.

– Excusez-moi, mais je suis à l'impression, on a une merde sur nos compos. C'était juste pour vous dire que j'avais fini vos traductions.

– Ça donne quelque chose ?

– Ben, ça confirme surtout ce que je vous disais : un bon travail de copieur. On retrouve l'auteur derrière l'utilisation de quelques figures de style, mais dans l'ensemble, c'est de la copie conforme.

– Rien de plus ?

– Écoutez, Richard, je vais pas approfondir davantage. D'abord parce que j'ai un boulot à temps complet et c'est plutôt chronophage. Ensuite parce que je trouve que vous me payez trop honnêtement. Ça me laisse à penser que cette histoire est foireuse. Rien de personnel là-dedans, mais on va s'arrêter là. J'ai été enchanté de faire votre connaissance.

Voilà. L'impasse. Je songe que, plutôt que de venir me pourrir la vie avec toute cette littérature, Llanos aurait mieux fait d'user de son talent d'écrivaillon stylé dans le roman policier régionaliste. C'est ce qui se vend le mieux, me dit fréquemment mon buraliste en me montrant le tourniquet à livres qui trône au centre de sa boutique. Si je n'avais que ça à foutre, je passerais mon temps à me délecter de ces titres ô combien attractifs : *Cul-de-sac à Pessac*, *Meurtres à Beutre*, *Mystère à Sauveterre*, *Un os à Saumos*, *Ça coince à Hostens*, *Du sang à Gujan*, *Arnaque à Pugnac*.

Tenez, monsieur Llanos, je vous propose même deux volumes : *Nique à Dick* et sa suite terrible, *La Lose de Lapelouse*.

43

La Lose de Lapelouse

Une légende urbaine locale – que l'on se passe sous le manteau pour ne point froisser les propriétaires de ce quartier – prétend que les somptueuses villas bordant le Parc bordelais furent bâties, à la fin du XIXe siècle, par les maquereaux de la ville. Ces nouveaux bourgeois, incultes et sans goût, voyaient dans l'accumulation du kitsch de jolis signes extérieurs de richesse. Façades à arabesques, porches d'entrée, bow-windows, loggias à vitraux et portails en fer forgé, rien n'était trop beau. Aujourd'hui squatté par les avocats, les médecins, les psychanalystes, etc., c'est le coin le plus chic de Bordeaux. On aura donc plaisir à pérorer qu'après l'esclavage et le négoce du pinard, le vice acheva d'enrichir cette cité réputée pour sa blancheur.

Je me plais à croire cette rumeur dévastatrice en me disant que Cazamajor a tout à fait sa place ici, rue Despax, à deux pas de l'avenue Carnot. Je me demande juste combien de petits vieux il lui a fallu dévaliser pour s'offrir cette belle maison. Je suis en train de me garer à une vingtaine de mètres de là lorsque la porte de son domicile s'ouvre. Un homme en sort. Il reste un instant de dos, le temps de fermer ses deux verrous, puis il se tourne dans ma direction pour remonter la rue d'un pas tranquille.

M. et Mme Mainjotte n'avaient pas de photo de leur escroc. Ça arrive parfois et je dois alors agir à l'aveugle, non sans avoir au préalable demandé une description précise de la personne à traiter. François m'a parlé d'un homme plutôt grand – un mètre quatre-vingts, a-t-il précisé –, une morphologie assez maigre et/ou sèche, couleur de cheveux blond vieillissant, peigné à la Poivre d'Arvor, portant des lunettes de vue à la mode Zitrone et toujours vêtu d'un costume avec des coudières en cuir, un peu comme Guy Lux – ce qui laissait entendre que le couple n'avait plus la télé depuis au moins 1995. L'individu qui vient de sortir de chez Cazamajor fait effectivement un mètre quatre-vingts, sa coiffure ressemble à celle d'un ex-présentateur de journal télévisé, il est maigrelet et porte une veste à coudières en suédine.

Mais je n'ai aucunement besoin de ces correspondances descriptives pour me convaincre qu'il s'agit immanquablement de mon client. Il y a une chose chez lui qui me saute aux yeux. Quand on a les moyens d'être une ordure d'ampleur et qu'on prépare depuis des temps immémoriaux un coup à tiroirs, on choisit son personnel sur mesure.

Jean-Louis Cazamajor n'est autre que le messager envoyé chez moi par Llanos pour y déposer sa missive.

☑ S'accrocher à tout ce que le dossier Llanos présente comme failles en sachant pertinemment que cet homme a construit un véritable bunker qui va me rendre dingue.

44

Une belle orchestration

Je prends sur moi pour ne pas surgir dans le dos de Cazamajor et le trucider sur place. Même si cette coïncidence me remet en mémoire l'axiome qui veut qu'on finisse toujours par être le connard de quelqu'un, c'est bien de la coïncidence en cet instant que je me méfie. Bordeaux est une petite ville, la France un petit pays et notre monde un petit monde. Nous avons tous croisé une fois dans notre vie, à une distance respectable de notre lieu d'habitation, une personne que l'on connaissait. Mais dans certaines circonstances, il est bon de douter. Je décide que ma présence en ce lieu ne doit rien au hasard, j'observe dans mon rétroviseur Cazamajor tourner le coin de la rue Despax et je file dans la direction opposée en faisant tout mon possible pour ne pas écraser l'accélérateur.

– C'est quoi ce bordel ?

Je suis manifestement bien plus irrité que je ne le pensais. À vrai dire, presque tremblant. Il faut se mettre à ma place. Hier, je priais pour que l'affaire Llanos s'éclaircisse au moins d'un lumen et voilà que le lendemain, on me sert une piste toute chaude sur un plateau à cloche.

M. et Mme Mainjotte me regardent comme une tornade approchant irrémédiablement de leur petite maison. Terrés dans un coin de leur canapé, ils ne me lâchent pas des yeux alors que je produis à nouveau une série de cercles au beau milieu de leur salon. J'essaye de me calmer, mais rien n'y fait. Je suis hérissé, mes poils font gonfler ma chemise et si je ne mets pas un bémol très vite, je vais bientôt baver sur leur linoléum que je suis en train de creuser à la seule force de mes talons.

– Écoutez, je ne sais pas qui vous êtes, mais je veux comprendre. Qui est ce type ?

– Mais, monsieur Lapelouse, de qui parlez-vous ?

Il est vrai que dans mon empressement, je n'ai pas été très clair avec ces gens. J'ai pris la direction de Cestas, persuadé que les Mainjotte faisaient partie du complot – d'une manière ou d'une autre, mais en tout cas suffisamment pour me donner une explication tangible.

– De Cazamajor ! Qui est ce type ?

– On vous l'a dit, c'est un escroc…

– Faux !

Mme Mainjotte se met à sangloter. Ça me fend le cœur. Son mari proteste, mais le ton de sa voix meurt vite :

– Enfin, mais regardez autour de vous, vous voyez bien que nous n'avons plus rien…

J'observe les vingt mètres carrés du living. Sans que ce lieu soit ostensiblement pauvre, on y sent l'absence évidente là d'un meuble télé, ici d'un cadre, là d'une étagère, etc. Pour ce que j'ai vu de la petite cuisine attenante au hall d'entrée, le luxe électroménager se résume à un four micro-ondes et un réfrigérateur post-Giscard. Le jardin s'étale sur cent mètres carrés d'un terrain bouffé par les pissenlits et troué par les cailloux d'un remblai de graves, une petite Citroën Visa dont le pare-chocs tient avec du scotch de déménageur cuit par le soleil. Je me cale dans un fauteuil qui, en d'autres circonstances m'aurait inspiré la fuite, et je croise les jambes. Une fois dans cette position qui se veut détendue, je prononce cette phrase dont j'ai habituellement horreur :

– Excusez-moi.

Puis, le temps de déglutir, je lisse mon pantalon et me passe une main sur le front avant de me faire autant que possible rassurant :

– Je vais tâcher de me calmer, ce sera mieux pour tout le monde, je crois. Vous permettez ?

Les Mainjotte permettent d'un hochement de tête synchrone. Pendant de longues secondes je m'emmêle les pinceaux dans la bande adhésive d'un paquet de cigarettes, puis dans l'opercule d'aluminium. M. Mainjotte se lève pour aller me chercher un cendrier.

– Merci.

– Je vous en prie.

J'allume une cigarette, j'aspire deux litres de fumée, la conserve un long moment avant de la recracher. Voilà, ça y est, je suis suffisamment calme.

– Bien. On va reprendre depuis le début. Vous habitez à Cestas, donc à environ quinze kilomètres de Bordeaux. Si j'en juge par l'état de votre voiture, vous ne devez pas beaucoup vous déplacer. Quant à moi, je ne prospecte pas en dehors des limites de la communauté urbaine. Alors, pour commencer, vous allez me dire comment vous avez eu mon adresse.

Je constate immédiatement que ma question trouble le couple. Mme Mainjotte tourne ses yeux larmoyants vers le papier peint – une série de gros tournesols au faîte de leur floraison sur un fond marronnasse. Abandonné par son épouse, le petit vieux commence à se tordre les doigts et se racle la gorge deux ou trois fois :

– Eh bien…

Oh putain, ça y est ! Calme-toi, Dick, laisse venir.

– Oui, monsieur Mainjotte ?

– Il y a… il y a ce monsieur qui s'est présenté chez nous… Pfffff… C'était au mois de septembre, je crois.

– Au mois de septembre, d'accord. Ensuite ?

– Il nous a dit qu'il avait été le patron de M. Cazamajor…

– Han-han, et ?

– Et que c'est au nom de sa société d'assurances que Cazamajor nous avait arnaqués.

– Très bien. À part ça, qu'est-ce qu'il vous voulait ?

– Euh… il nous a garanti que les contrats qu'il nous avait fait signer étaient faux.

J'ai ce trait de caractère très pénible à vivre – surtout pour moi – qui est de remettre à plus tard les bonnes choses. J'appelle ça « procrastiner la satisfaction ». L'ultime question me brûle les lèvres, mais je me préoccupe d'abord du secondaire :

– Attendez, je ne comprends pas. Ce monsieur n'a pas été convoqué au tribunal pour témoigner contre Cazamajor ?

M. Mainjotte s'anime, un peu soulagé de me voir dévier :

– Moi aussi, ça m'a semblé bizarre. Je me suis souvenu qu'à l'époque de mon procès, l'avocat de la défense avait dit que Cazamajor s'était fait virer de sa boîte après la première audience. Mais dans cette première audience, Cazamajor s'était présenté comme le directeur et unique employé de sa société.

– Et le vrai patron apparaît subitement un an plus tard ?

– Oui. Il nous a expliqué qu'il avait racheté la boîte après le procès et qu'il s'était débarrassé de Cazamajor pour ne pas souffrir de la mauvaise réputation de son employé. Il nous a dit qu'il était désolé de ce qui nous était arrivé. J'ai d'abord cru qu'il allait nous proposer de l'argent et je vous avoue que c'est en partie pour ça que je l'ai écouté jusqu'au bout.

Je m'agrippe à mon fauteuil, mais je m'inflige encore de longues minutes d'attente en poursuivant sur ma lancée :

– Alors qu'est-ce qu'il voulait, exactement ?

– Il n'arrêtait pas de parler du mal que Cazamajor nous avait fait, il disait que lui-même avait été victime par le passé d'un escroc et que ce type l'avait à moitié ruiné. Il disait qu'il n'y avait rien à faire contre ces gens-là. Moi, je ne comprenais pas pourquoi il nous racontait tout ça…

– Tu ne comprenais pas mais tu l'écoutais, François.

Mme Mainjotte revient brusquement dans la conversation sans décoller les yeux de son papier peint.

– Oui, je l'ai écouté.

– Tu l'as écouté jusqu'au moment où tu as dit que ces types, il faudrait les éliminer.

– Tu étais d'accord avec moi.

Elle finit par quitter ses tournesols et assène :

– Oui, j'étais d'accord avec toi. Je ne voyais qu'une chose : c'est que tu venais de passer un mois en prison, que nous étions ruinés et que ce salopard continuait à nous narguer. Alors quand cet homme nous a parlé de vous, monsieur Lapelouse, j'ai dit non. Tu t'en souviens, François, que j'ai dit non ?

– Oui.

Il baisse la tête et observe ses charentaises dont les semelles en feutrine m'évoquent soudain les patins de Ramón Suñer Llanos.

– Mais vous êtes quand même venus me voir.

– Oui. Ce monsieur nous a quittés en nous disant d'y réfléchir. Mais de ne pas trop hésiter parce qu'il connaissait un peu Cazamajor et qu'il savait que ce type était déterminé à nous pourrir le peu d'existence qu'il nous restait. Il nous a dit que si c'était à lui de décider, il n'hésiterait pas une seule seconde. Quand il est parti, j'étais convaincu. Et ma femme aussi.

Mme Mainjotte me regarde comme pour confirmer.

Je reprends ma respiration et je me décide enfin :

– Vous vous souvenez du nom de ce monsieur ?

– Euh… non. Attendez, je crois qu'il nous a laissé sa carte. Edna, tu veux bien regarder dans la commode ?

Edna se lève au ralenti. Quand on repousse à plus tard le meilleur, il ne faut pas s'attendre à ce qu'il surgisse de lui-même comme un diable hors de sa boîte. Les autres ne sont pas forcément à votre disposition dans ces moments-là. Mme Mainjotte est suivie dans son aller-retour gastéropode jusqu'au tiroir par un ensemble de violons en position vibrato et quand la carte est enfin entre mes doigts, quatre saisons ont passé et j'ai un peu plus de cheveux blancs sur les tempes.

Un bout de carton uniformément blanc, police de caractère Arial noir, pas même un logo, juste un trait en pointillé pour séparer le nom de la société d'assurances de celui de son directeur. Un truc tout droit sorti d'une machine à 5 euros les cent exemplaires et du cerveau manifestement machiavélique de Carlos Llanos.

Suñer Assurances

M. Javier Tenaguillo y Cortázar
Directeur

On ne pourra pas dire que je ne m'y attendais pas. On ne pourra pas dire que je n'avais pas bien orchestré cette petite pièce de théâtre où chacun a tremblé dans son rôle en suivant à la mesure près les annotations du dialoguiste. Lorsque je me lève, la carte en main, et que je me dirige vers la porte d'entrée, M. Mainjotte me demande :

– Qu'est-ce que vous allez faire avec M. Cazamajor ?

☑ Trouver la bête.

45

La pêche au gros

Pour faire un bon film, il faut faire de bons repérages.

Bon, je suis d'accord, c'est un avis à l'emporte-pièce qui ne vaut pas grand-chose lorsque l'on considère que de bons décors et de beaux paysages ne pallient pas la médiocrité d'un scénario. Disons que j'accessoirise mon propos pour qu'il soit compris par le plus grand nombre.

On l'oublie souvent, mais que serait *Out of Africa* sans le génie visionnaire de David Tomblin, premier assistant de Sydney Pollack, qui se balada pendant des mois à travers les plaines du Kenya pour trouver ces merveilleux endroits dans lesquels s'aiment et se déchirent Meryl Streep, Robert Redford et Klaus Maria Brandauer ?

À bien des égards, le travail d'un réalisateur et celui d'un criminel sont assez proches l'un de l'autre. Ça nécessite une histoire qui tienne la route afin que le film et le crime puissent aboutir au succès espéré. Puis des acteurs capables de camper solidement leurs rôles respectifs. Enfin des décors aptes à servir l'histoire et l'esthétique de l'image. Alors le tournage commence, tout le monde entre sur le plateau en serrant les fesses et chacun de prier dans son coin pour que ça se passe le mieux possible et qu'on ne s'en prenne pas une dans le dos – si l'on considère que certaines productions cinématographiques comptent, elles aussi, quelques malheureux et accidentels décès.

Dans un cas comme dans l'autre, ce qui est visé, c'est le tiroir-caisse. Pour le réalisateur, l'accès aux retombées économiques des entrées peut prendre des années. Pour le meurtrier, c'est relativement immédiat.

Pourquoi une telle comparaison ? Parce que je dois bien reconnaître que dans cette histoire, Llanos joue le rôle d'un assez talentueux réalisateur quand, pour ma part, je reste un assassin. Alors qu'il construisait dans l'ombre son brillant scénario, moi, en dehors de mes heures de service, je me promenais dans le pays girondin à la recherche de quelques endroits discrets et notables dans lesquels je pourrais revenir un jour occire un homme ou une femme que l'on m'aurait demandé de supprimer selon les propositions d'usage. Je dis ça pour que l'on n'aille pas me reprocher de sortir de nulle part, à ce moment précis de mon histoire, cette cabane de pêcheur qui surplombe la Garonne.

Il fait nuit. De l'autre côté du fleuve, la rocade n'est plus vraiment fréquentée, et quand bien même elle le serait, à cette distance, personne n'apercevrait M. Cazamajor. Prisonnier d'une série de nœuds marins, il est allongé dans le cône d'un carrelet lesté d'une douzaine de pavés que je lâche régulièrement dans le courant en contrebas. Cette cabane a été choisie pour son matériel de qualité, la solidité de son installation et le treuil du filet capable de remonter sans peine une bonne tonne de carpes et de silures.

Au premier trempage, Cazamajor est sorti de la torpeur dans laquelle l'avait plongé ma petite clé à la gorge. Après s'être tenu tranquille tout au long du trajet, le voici maintenant qui gigote, crache et vomit comme une tanche à l'air libre.

– J'attends, monsieur Cazamajor.

– Mais enfin merde ! J'y comprends rien à votre histoire. Je ne connais pas de Javier, ni de Carlos.

– C'est dommage parce que lui vous connaît. Il vous connaît tellement bien que par des moyens détournés, il m'a demandé de vous tuer. Et c'est exactement ce que je suis en train de faire. Donc j'attends que vous me parliez de lui.

– Allez vous faire foutre, Lapelouse !

L'immersion suivante est plus longue. J'ai décidé de compter mentalement jusqu'à soixante, mais arrivé à trente, je perds le fil et je recommence. Quand le filet remonte, Cazamajor me fait le coup du noyé. Je lui fais donc le coup du pêcheur déçu qui va renvoyer sa prise dans la Garonne. Le carrelet est en train de redescendre quand le poisson reprend opportunément vie :

– Oooooh ! Qu'est-ce que vous faites ? ! Il est venu me voir et m'a demandé d'aller vous porter discrètement cette lettre. Je ne le connaissais pas avant et je ne l'ai jamais revu après.

– Et la société d'assurances ?

– Quoi, la société d'assurances ?

Une minute dans l'eau bourbeuse.

– Ok... ok... Je lui ai refourgué ma boîte et il m'a trouvé un avocat qui m'a tiré d'affaire. Mais c'est tout.

– Et les Mainjotte ?

– Les Mainjotte ?

Je lâche un mètre de mou. Il hurle et grelotte :

– Non, attendez... C'est lui qui a eu l'idée de les harceler. J'ai jamais compris pourquoi, ni dans quel but. Je les avais arnaqués, pour moi ça suffisait. Je suis un escroc, pas un tortionnaire...

– Mais vous avez tenu le rôle.

– C'est lui qui m'a poussé. Il me disait qu'il pouvait à tout moment me renvoyer au tribunal. Il me tenait comme ça.

Je le replonge dans le bouillon, pour la forme. Il gueule en refaisant surface :

– Espèce d'enculé, je t'ai dit tout ce que je savais, fils de pute ! Fais-moi sortir de là et je te fais la peau au cure-pipe.

– Où est-il ?

– Qui ça ?

– Javier Tenaguillo y Cortázar.

– Putain mais j'en sais rien, moi ! La dernière fois que je lui ai parlé, c'était pour la lettre, la semaine dernière. Il m'a dit qu'après ça, je lui devrais plus rien.

Je tire sur le palan et ramène le carrelet sur le ponton. Mais je le laisse en suspens au-dessus des planches. J'allume ma torche et, à travers les mailles du filet, je lui présente la photo de Carlos Llanos. Toujours le meilleur pour la fin.

– C'est lui ?

– Oui. C'est lui. C'est c't'enculé ! Lâchez-moi, maintenant ! Putain, je vous jure, je vous retrouverai et je vous déchirerai votre mère avec…

Un chiffon imbibé de chloroforme le fait taire et il se réveille une demi-heure plus tard dans son garage, dans sa voiture, moteur allumé, un tuyau d'arrosage partant du pot d'échappement fiché dans l'entrebâillement de la vitre arrière. Les émanations ont déjà fait une bonne partie de leur office. Il ouvre un œil pour mieux replonger.

À moins d'un problème évident, j'accomplis toujours le travail pour lequel on m'a originellement rémunéré.

☑ Lui montrer qui dirige les manœuvres.

46

Braun la science

Carlos Llanos = Javier Tenaguillo y Cortázar.

Pour une raison qui m'est totalement inconnue, ce type fabrique et interprète une histoire phénoménale afin que j'aille tuer mon père. Ce qui veut dire qu'il me connaît. Qu'il connaît mon père ou tout au moins l'appartement de Barcelone. Qu'il connaît ma mère ou tout au moins l'appartement de Clichy-la-Garenne. Qu'il connaît l'existence des photomatons. Enfin, pour affiner sa brillante mise en scène, il dispose d'un journal à tirage limité, grâce auquel il monte la pièce maîtresse de son dossier. En termes de préparation, c'est déjà énorme. Mais ça ne lui suffit pas.

D'une manière ou d'une autre, il connaît Cazamajor et son escroquerie. Je ne m'accorde pas suffisamment d'importance pour imaginer que Llanos m'en veut au point de sauver Cazamajor parce qu'il sera un pion utile dans son histoire. Je vois plutôt ça comme de l'opportunisme. Llanos, dont je ne sais rien, a certainement croisé le chemin de Cazamajor et s'est dit qu'un jour ce type lui servirait à quelque chose. En arrivant sur mon cas, Cazamajor est devenu le pion.

Assis du bout des fesses sur un fauteuil jonché de paperasse, Malcolm Braun n'a rien dit de tout mon exposé. Il m'a regardé et patiemment écouté alors que je m'excitais d'un bout à l'autre de la pièce, ajoutant à ma tapisserie des pages blanches que je remplissais de mots, de noms, de croquis à la pointe rouge d'un marqueur. Le sujet étant visiblement épuisé, il enchaîna donc :

– Je t'avais prévenu que cette histoire le rendait malade et que pour arrêter d'y penser, il était obligé d'agir et de combler un vide.

– Et moi, tu crois pas qu'elle me rend malade cette histoire ? J'en dors plus. Je passe mon temps dans ce tunnel qui se rétrécit de plus en plus et qui n'a pas de bout.

– Dick, ça se passe comment avec ton père ?

– Ah non, merde ! C'est pas d'une séance dont j'ai besoin. C'est d'un peu de clarté. Alors tu remballes ta marchandise ou tu sors d'ici !

– Ça se passe comment avec ton père ?

– Tu me fais chier, Malcolm. Tu crois que j'ai eu le temps d'y penser à mon père depuis que toute cette merde m'est tombée dessus ?

– Tu tues ton père à Barcelone, tu rentres à Bordeaux le lendemain, dans la nuit tu files à Paris pour voir ta mère et tu redescends deux jours plus tard. Soit plus de mille cinq cents bornes en soixante-douze heures, tout seul au volant d'une voiture. Alors oui, je crois que tu as eu le temps d'y penser.

– Eh ben, dis-moi toi, Dr Maboul. Dis-moi comment c'est supposé se passer. Mon père, je le connaissais pas et je ne me suis jamais préoccupé de savoir ce qu'il était devenu. Il est mort ? Dommage. C'est moi qui l'ai tué ? Ben ouais, c'est normal, visiblement c'était un connard et je suis un connardicide.

– T'en sais quoi ?

– J'en sais quoi de quoi ? Que c'était un connard ? Il avait tenté de noyer ma mère quand elle était enceinte, ça te suffit pas ?

– Tu fais quoi depuis que tu sais qu'il était ton père et que tu l'as tué ?

– Mais enfin, merde, Braun ! T'es sourd, t'es aveugle, on t'a monté à l'envers ou bien ? Regarde le marécage dans lequel je croupis, j'y comprends plus rien.

– « L'accumulation met fin à l'impression de hasard », c'est Freud qui a dit ça.

– Freud prenait de la coke. Quand on sait ça, on ne voit plus son psy de la même manière, surtout quand ce dernier est lui-même un drogué.

Braun ne regarde pas du tout le marécage autour de lui. Il me regarde, moi. En souriant. Presque. De manière à ce que ça ne soit presque pas visible, sinon je risque d'aller lui en coller une.

– Arrête de me regarder comme ça ou je t'en colle une !

– Tu sais, j'en mettrais pas ma main au feu, mais je pense que ton Llanos – ou ton Tenaguillo y Cortázar, comme tu voudras –, il a passé autant de temps pour monter son histoire que tu en passes, toi, pour la démonter. Il s'est retrouvé, lui aussi, enfermé dans ce même tunnel à s'arracher les cheveux pour trouver la solution.

– Quelle solution ?

Braun pointe un doigt vers mes murs.

– Ça. Et pour la même raison que toi, il a préféré se noyer là-dedans jusqu'à trouver son salut plutôt que de rejoindre la rive. Parce que sur la rive, il y avait quelque chose de bien pire.

– Quoi ?

Braun – qui joue toujours la virgule silencieuse quand il est question de refiler le bâton merdeux à son patient – décapsule deux bières et dépose celle qui m'est destinée sur le bord de mon bureau. Puis il avale deux ou trois gorgées de la sienne avant de reprendre la parole :

– Tuer son père, au figuré, n'est pas une chose facile, Richard. Vers cinq, six ans, on tente avec les outils que l'on a, donc on s'affaire à séparer sa mère de son père. Je schématise pour ne pas t'ennuyer. Quand on a la capacité physique de tuer son père, on n'en est plus au stade de l'œdipe. Et si, pour d'obscures raisons, on le désire encore, on se rend compte que c'est légalement impossible. Sauf pour certaines personnes. Oui, il y a des gens qui tuent leur père, mais à de rares exceptions près, non, ce n'est jamais un acte qui laisse indifférent. Et on ne l'accomplit pas sans une profonde préméditation. Quelle que soit la manière dont ça se passe, l'après est souvent pire que l'avant. Même si l'on est un criminel endurci, tuer son père ne produit pas les mêmes effets que tuer n'importe quel homme. Ce n'est pas anecdotique.

– Bon, ça y est, c'est terminé ?

– Et pour toi, c'est terminé ? Non, ça ne l'est pas. Comme pour tous ceux qui ont tué leur père, il te reste une question qui n'aura jamais de réponse : « Pourquoi ? » En ce qui te concerne, c'est pire, tu as deux questions sans réponse : « Pourquoi est-ce que j'en suis arrivé là ? Pourquoi a-t-on voulu que je tue mon père ? » Alors que Llanos n'en a plus qu'une, la première : « Papa, pourquoi tu as pondu un fils qui veut te tuer ? » Toujours sans réponse.

– Attends, attends ! Deux secondes… D'où tu sors que Llanos a tué son père, toi ?

– Je ne le sors de nulle part. Mais à mon humble avis, et sans faire de psychocriminologie à la petite quinzaine, si tu fouilles dans tes dossiers, tu trouveras un homme qui est sans doute venu te voir pour que tu tues son père.

– Qu'est-ce que tu racontes ? Évidemment que j'ai des clients qui sont venus me demander de tuer leur père, leur mère, même parfois un frère, une sœur. Toi, tu m'as bien… Non, oublie, j'ai rien dit, désolé…

Malcolm marque une pause, avale une gorgée de bière pour dissoudre la soudaine catalepsie de son œsophage et reprend après avoir mouché un tout petit soupir :

– Parmi ta clientèle, il y a un homme qui n'a pas digéré sa culpabilité. Et tu me dois…

Avant qu'il ait fini sa phrase, je dépose sur le coin de mon bureau deux cocottes toutes neuves.

47

Olivier Mendez ou la logique du jamais 203

Je roule.

J'ai fait ça une bonne partie de ma vie, quand je n'avais plus que ça à faire. Donc je roule et je déploie des trésors de déni pour ne penser à rien que je pourrais, ensuite, devoir avouer à Braun. Du goudron, des bandes discontinues, des péages, des panneaux indicateurs : Dax, Bayonne, Biarritz, San Sebastian, Bilbao. Et la petite voix du GPS Camille me distrait comme elle peut de ma nouvelle ritournelle.

Carlos Llanos
=
Javier Tenaguillo y Cortázar
=
Olivier Mendez

⦿ ***REC***

– La personne que vous me demandez d'occire s'appelle monsieur Mendez Jorge, elle loge au 32, rue Malleret à Bordeaux, premier étage gauche, bâtiment

A, est âgée de soixante-dix-neuf ans et vous désirez que j'agisse sur elle selon les descriptions faites à la page 203 du catalogue ci-présent. Est-ce exact, monsieur Mendez ?

– Oui...

Olivier Mendez, cinquante-trois ans, les yeux bleus, le visage et le corps bouffis par l'alcool, les cheveux gras lui tombant dans les yeux, des habitudes vestimentaires en décalage total avec celles de sa génération, à moins de deux mètres d'une clochardisation grand standing. Il avait débarqué chez moi le 21 avril 2009, à 14 h 15, pour me raconter son histoire qui était, à peu de chose près, un marronnier du genre. Son père le tenait sous son emprise depuis l'enfance et, pour une raison que le fils ne s'expliquait pas, celui-ci vivait toujours chez lui, sous sa vindicte autoritaire. À aucun moment, au cours de l'entretien filmé, Olivier Mendez n'avait hésité. Entre son arrivée et la signature de son chèque, il ne s'était pas écoulé plus de vingt minutes, lecture du contrat incluse. Olivier Mendez était déterminé à ce que son père disparaisse. Suite à la mort de ce dernier – un malaise dans sa baignoire provoquant une noyade incontestablement accidentelle que j'avais, comme à mon habitude, parfaitement mise en scène –, il ne m'avait jamais recontacté.

○ ***PAUSE***

En affichant l'une à côté de l'autre les photos de Carlos Llanos et d'Olivier Mendez, on comprend deux choses : la première, c'est qu'en quatre ans il a maigri

– une vingtaine de kilos à vue de nez – la seconde, c'est que cet homme s'est certainement dit la chose suivante : « L'entreprise Lapelouse fonctionne plutôt bien, son patron gère un flux non négligeable de plaignants, donc il y a de fortes chances pour qu'il ne reconnaisse pas du tout celui que je suis devenu. »

Au 32, rue Malleret, je suis tombé sur un couple de pré-quadras qui ne savait absolument rien de la vie des précédents locataires et qui devait user de sa baignoire en toute innocence. Les baignoires sont faites pour ça. On abat les chiens qui mordent, mais on ne détruit pas les baignoires qui tuent. Je devrais demander à Camille ce que les héritiers de Claude François ont fait de la salle de bain du boulevard Exelmans. L'ont-ils coulée dans le béton ? Incendiée ? Murée ? Ou bien s'y prélassent-ils en la remerciant d'avoir fait d'eux les héritiers exclusifs d'un immarcescible business? Avec de telles questions, je suis à peu près certain de finir moi-même pendu par les gonades au-dessus d'un bain où Camille aura noyé un petit convecteur électrique, dans une maison non pourvue de disjoncteur différentiel.

Auprès du syndic de copropriété, j'ai prétexté le classique courrier de haute importance adressé à monsieur Mendez, rue Malleret. Une grosse brune reteintée et d'abord rétive m'a tenu guichet pendant près de dix minutes sur le thème abusif du secret professionnel, parce que ça devait donner une définition personnelle à son existence de secrétaire de syndic de copropriété. J'ai usé de ma circonflexion sourcilière à la Clooney, elle a rangé son autodéfinition, nous avons causé boutique et puis elle a ouvert le logiciel que – a-t-elle promptement précisé – elle tenait à jour *quotidiennement*.

– C'est-à-dire que nous avons déjà reloué deux fois depuis monsieur Mendez. Il avait bien laissé une adresse pour faire suivre le courrier, mais je ne sais pas si… Dites-moi, maintenant que j'y pense, ce monsieur Mendez, c'est pas lui qu'a son père qu'est mort dans sa baignoire ?… Ah mais si ! Ça me revient. Ce pauvre vieux, il est mort en prenant son bain.

– Oui. Comme quoi, hein ? Faut profiter chaque jour.

– Je vous le fais pas dire. Si vous saviez le mal qu'on a eu à relouer après ce drame. Ça a dû se savoir. Ou bien y avait des ondes grises, je sais pas. Un cauchemar ! Eh ben vous savez pas quoi ?

– Non.

– On a dû changer la baignoire. Ça n'a l'air de rien, mais on avait à peine fini les travaux que l'appartement est parti dans la semaine. Comme quoi les gens sont bien couillons, non ?

L'adresse finalement fournie par la grosse brune délavée m'a expédié à Saint-Macaire. Du soixante-dix mètres carrés en centre-ville, Mendez était passé à la maison en triplex à l'intérieur des fortifications. Qu'il avait quittée six mois auparavant. À sa place, je suis tombé sur un nouveau quadra qui, au rez-de-chaussée de l'habitation, avait monté une libraire spécialisée dans le polar.

– Il a pas laissé une adresse pour faire suivre son courrier ?

– Voyez avec monsieur Verque. C'est le proprio, il habite de l'autre côté du bled.

J'ai passé l'après-midi entière à retrouver monsieur Verque qui, en dehors de ses heures de retraité actif dans les trois cafés du coin, pouvait, selon l'humeur, aller à la pêche, nettoyer un jardin dans le bourg voisin ou s'occuper des six rangs de vignes qu'il avait du côté de Landiras. Je l'ai effectivement déniché à Landiras, après six localisations contradictoirement indiquées par plusieurs habitants du village croisés au hasard de ma déambulation.

– Monsieur Mendez ? Oh mais il est parti.

– Oui, je sais, mais je le cherche pour lui remettre un chèque. Son ancien employeur n'a pas son adresse actuelle et vous savez comment ces gens sont tatillons.

– Son ancien employeur ! Qu'est-ce que vous me racontez ? C'est moi, son ancien employeur.

– Non, celui pour qui il travaillait du temps où il était à Bordeaux.

– Il avait travaillé avant moi ? Vous plaisantez ? Savait rien foutre de ses dix doigts, c'te feignasse !

– Bon, s'il vous plaît, vous n'êtes pas mon dernier client. Alors si vous pouviez m'épargner vos commentaires, j'aurais l'impression d'avancer.

Verque m'a lorgné par en dessous, puis il a fini par me tourner le dos et par remonter son rang de ceps jusqu'à son tracteur en jetant par-dessus son épaule :

– Attendez-moi là. Je reviens quand je peux.

Est-ce que j'ai vraiment cru que ce type s'apprêtait à faire un aller-retour Landiras-Saint-Macaire au volant de son Massey-Ferguson, soit trente-cinq bornes à une vitesse de croisière ne dépassant pas quarante kilomètres-heure ? Visiblement oui, puisque je l'ai laissé faire et que je me suis assis dans ma voiture. Je n'ai pas pu lire la moindre page du *Kennedy* de Montalbán. Comme au Porge, j'étais sur les nerfs et le moindre bruit de diesel me faisait lever le nez – quand ce dernier n'était pas plongé dans une énième rasade de stupéfiant.

Verque était de retour deux heures plus tard. Quand j'ai vu apparaître son tracteur au bout de la communale, je me suis promis que si jamais il revenait sans mon renseignement, je lui faisais bouffer ses mille mètres de vignes, treille comprise.

– Ah ben vous, vous avez une sacrée putain de patience. Tenez. Il m'a griffonné ça avant de partir, mais je m'en suis jamais servi. Il recevait que de la pub, ce con-là. Oh, y a peut-être bien eu une ou deux fois les impôts, mais par ici, la délation, c'est plus notre fort. Bon ben voilà, vous avez ce que vous vouliez, vous allez peut-être me laisser bosser maintenant.

Goienkale Kalea 21
48005 Bilbao
Espagne

Est-ce que je peux seulement croire qu'avec cette adresse, j'approche d'un semblant de dénouement ? La seule chose dont je sois à peu près certain à l'heure où je sors du parking du loueur, gare Saint-Jean, au volant d'une bonne berline française, c'est que si Mendez avait laissé le même bout de papier avec inscrit dessus : « Dixon St. 12 – NSW 2000, Australie », je serais déjà dans l'avion à destination de Sydney.

Je suis un mur et, comme tout mur qui se respecte, il faut éviter de me rentrer dedans. À cette seule différence près : je me pose tout de même des questions d'ordre logique. Comment un type qui a vécu coup sur coup aux crochets de son père, puis de petits boulots agricoles, a-t-il pu racheter une petite société d'assurances et un journal ?

☑ Trouver pourquoi, comment, quand tout a commencé.

48

Trop peu de pages avant la fin

Je n'ai aucune envie de m'étendre sur la beauté de la capitale de la Biscaye, aucune envie de m'extasier en traversant le Nervión par l'imprononçable Espainako Printzeak Zubia à l'ombre duquel la carapace en titane du musée Guggenheim de Gehry aveugle le paysage urbain, même pas le désir de trouver belle la vieille ville où se niche la rue Goienkale. J'ai juste envie de trouver un bon Caterpillar pour en finir une fois pour toutes et défoncer tout ça en ne laissant derrière moi qu'un tas de ruines.

Je m'inflige néanmoins une pause nécessaire. Non pas pour me calmer parce que même une décade sous Prozac n'y ferait rien, mais pour laisser le soleil descendre, le crépuscule advenir et la nuit prendre la relève. Je ne suis descendu dans aucun hôtel, n'ai pas pris la rampe d'un parking souterrain, je me suis juste garé sur Gran Vía et j'ai marché. Puis, j'ai avalé quelques *pintxos* dans la vitrine d'une gargote en songeant à Salamero et à l'apparente douceur de vivre barcelonaise.

Carlos Llanos, Javier Tenaguillo y Cortázar ou Olivier Mendez est un homme décidément plein de surprises. Lorsque je sonne chez lui à 21 h 30, la fenêtre située au-dessus de la porte d'entrée de son immeuble s'ouvre et j'entends prononcer ces paroles :

– Ah monsieur Lapelouse ! Vous avez fait vite. Entrez, je vous en prie.

Je lève la tête. Mon homme est là, penché au-dessus du garde-corps qui me surplombe. Il me sourit comme sourirait un oncle trop rarement visité. La porte émet un bourdonnement.

– C'est au premier étage, la porte au bout du couloir.

J'entre.

J'entre, je vois cet escalier devant moi et je pense à ces romans où vous ingérez cinq cents pages de rebondissements outrageux pour l'intelligence et où, quand vous sentez arriver le dénouement, vous vous rendez compte qu'il ne reste que trois pages. Trois pages pour expliquer les cinq cents autres. C'est l'effet que me fait cet escalier. Une volée de marches, à peine six ou sept mètres de dénivelé et, au bout, la solution ou tout au moins la fin. Il me tardait d'en finir. Me voilà qui hésite maintenant à avancer.

La porte de Mendez s'ouvre.

L'homme devant moi est vêtu d'un peignoir en éponge.

L'image de Dionne me suivant dans les rues de Barcelone, revêtue de son peignoir blanc, passe en surimpression, mais je l'efface parce que je ne crois pas à la prescience et qu'à l'heure qu'il est, je me fous d'avoir ou non une conscience.

Reste concentré.

Ses pieds sont enfilés dans des mules en panne de velours mauve. Son visage n'a plus rien à voir avec celui, torturé, qu'il se composait dans mon bureau quelques semaines auparavant. Il me propose un nouveau sourire et celui-ci, je le saisis à pleine main, au propre comme au figuré.

Je lui bloque la mâchoire, il souffle lourdement et je pousse de tout mon poids. Nous entrons dans l'appartement comme un couple qui n'aurait pas la patience d'atteindre la chambre. Je propulse mon partenaire au sol et je quitte précipitamment ma veste avant de le redresser vaillamment par le col de sa sortie de bain. De ce second contact s'échappent les fragrances douceâtres des petites boules colorées que l'on plonge dans sa baignoire avant de s'y tremper soi-même. Lavande provençale et bois de santal.

Mendez sourit toujours.

Je le cornaque en marche arrière, ses pieds touchent à peine le sol, mes ongles ont sérieusement entamé la peau de son buste et rien dans mes yeux ne trahit la moindre sympathie à son égard.

Mais Mendez sourit.

Sans opposer la moindre résistance, il se laisse faire quand, au salon, je le jette dans un rocking-chair lourd comme une armoire normande. Là, je dénoue sa ceinture en éponge et, alors que je la passe autour de son abdomen pour l'attacher solidement au dossier en liant ses poignets dans le même nœud, Mendez sourit encore.

Très bien. On continue. Je manœuvre plusieurs fois le rocking-chair afin de lui donner suffisamment de gîte pour qu'il chavire vers l'avant. Pendant une très courte seconde, le fauteuil se retrouve en parfait équilibre, puis il bascule enfin et le haut du dossier vient cogner contre le plancher. Le bois résiste. Le choc précipite Mendez vers le sol, mais la ceinture le maintient bloqué contre l'assise. Malgré cette position inconfortable, je l'entends ricaner.

Ça m'agace prodigieusement. Il ne le sait que trop. Il se marre. Je quitte la pièce avant de le finir à la pointe de chaussure.

Puisque je vais pratiquer avec les moyens du bord, je m'empresse de faire le tour du propriétaire. Je commence par la cuisine. Là, je repère trois tiroirs susceptibles de renfermer les couverts. Dans le premier, il n'y a que des cuillères à soupe. Dans le deuxième, des outils de cuisine en plastique. Dans le dernier, des livres de recettes. Je rouvre aussitôt le premier comme si un détail m'avait échappé avant de me revenir.

Des cuillères à soupe.

Disons qu'il n'y a pas si longtemps, la panière de rangement devait aussi contenir des fourchettes, des couteaux et des petites cuillères, mais pour l'heure, les trois réceptacles qui leur sont réservés sont vides. Au mur, je remarque un râtelier à aimants que devaient occuper, jusqu'à très récemment, une série de couteaux de cuisine. Il n'y a aucun verre, nulle part. Des assiettes si, mais en grès. Pas de rouleau à pâtisserie non plus. Pas d'objet lourd, pas de cendrier, pas de…

Je visite ainsi l'habitation de Mendez et ne trouve absolument rien de coupant, tranchant, contondant, massif, dangereux, à part peut-être les murs. Il n'y a pas non plus le moindre appareil électrique portatif. De la lampe de chevet au poste de télévision, tout a été soigneusement retiré. On a même pris soin d'enlever les clés des armoires en les laissant ouvertes. Comme si on attendait la visite de l'huissier. Le sourire de Mendez est donc parfaitement compréhensible et je me dis qu'à cause de moi, il a eu tout loisir de consulter mon catalogue et de mesurer ma capacité d'adaptation en milieu hostile. Lorsque je tourne le robinet du lavabo dans la salle de bain, un maigre filet d'eau s'en échappe, la tuyauterie vrombit comme un vieil intestin et puis plus rien. Le gaz aussi est coupé. Il reste l'électricité et le rocking-chair sous lequel Mendez pend, plié en deux, retenu par l'abdomen et sa ceinture de peignoir, les mains liées derrière le dossier.

Alors pourquoi a-t-il laissé les cuillères à soupe ? Parce que, contrairement aux cuillères à dessert, on ne peut pas énucléer quelqu'un avec une cuillère à soupe. Le plateau est trop large pour passer dans l'orbite et faire sortir l'œil.

Je m'assieds en tailleur auprès de lui avec, à mon tour, l'envie de rire de sa bonne blague. L'arrière de la tête contre le plancher, la nuque à angle droit, les genoux à quelques centimètres du nez, il ne respire pas bien.

Mais il sourit.

– Quel nom je dois vous donner ?

– Celui que vous voulez, monsieur Lapelouse. Vous avez le choix.

– Voyons… Vous m'avez trompé avec Llanos. Tenaguillo y Cortázar, pardonnez-moi mais ça fait roman picaresque du XVIe pour amateur de vin. Et je vous ai retrouvé grâce à Mendez. Je vais garder Mendez, si vous n'y voyez pas d'inconvénient.

– Aucun…

Il ricane, puis tousse. Son visage rougit.

– J'ai donc tué votre père, monsieur Mendez, n'est-ce pas ?

– Oui…

– Et vous m'en voulez pour ça.

– On ne peut pas dire que je vous en veuille réellement. C'est surtout à moi que j'en veux. Mais vous savez comment sont les hommes : ils regrettent toujours et c'est dur de regretter quand on est un homme, ça ne se fait pas. J'ai commencé par m'en vouloir d'avoir pris la décision de le tuer. Puis je m'en suis voulu de ne pas être capable de le tuer moi-même. Après, je m'en suis voulu d'avoir cherché un autre moyen qui ne m'engageait pas directement. Enfin, je m'en suis voulu de vous avoir trouvé. Et, pour finir, je m'en suis voulu qu'il soit mort parce que je vous l'avais demandé. Au bout du compte, je m'en voulais beaucoup trop et ça devenait invivable. J'ai donc décidé de vous en vouloir à vous. Ça cristallisait tout sur une seule et même personne qui n'était plus moi, ce qui était bien plus satisfaisant…

Un haut-le-cœur le soulève, il se cambre, il ouvre la bouche par réflexe comme un chat qui sortirait d'une orgie d'herbe dépurative. Du rouge, son visage passe au brun violacé. Il grimace sans se plaindre.

– Et mourir dans ces conditions, ça ne vous pose pas de problème ?

– Pas le moins du monde, monsieur Lapelouse. Comme vous avez pu le constater, je n'aime pas la vue du sang et j'étais certain que vous alliez vouloir discuter. J'ai donc fait un peu de rangemeeeeeeuuu…

Cette fois, le spasme est plus violent et Mendez arrive à libérer un vomissement, plutôt puissant, qui lui glisse sur le haut du visage et inonde le sol autour de sa tête. Un second suit quasi simultanément, qui semble le faire souffrir davantage. Les yeux lui sortent de la tête pendant quelques secondes. Il reprend sa respiration. Je me cale le dos contre le mur et je croise les bras : j'ai assez rarement éliminé quelqu'un en faisant aussi peu d'efforts. Une petite plaisanterie que j'échange avec moi-même mais qui tombe à plat.

– Je vous attendais, monsieur Lapelouse. Vous avez fait plus vite que je ne croyais. Vous me prenez à la sortie de mon dîner. Je vous prie de m'excuser pour le spectacle.

– Y a pas de gêne. Cazamajor ?

– Ça vous a plu ?

– Rien de ce qui est arrivé ne me plaît, Mendez. Je n'aime pas me faire manipuler. Ça me coûte cher en orgueil.

Il ricane. Tousse, mais ricane quand même.

– Vous vous êtes demandé si j'étais assez machiavélique pour avoir prévu Cazamajor dans mon histoire, n'est-ce pas ? Je vous rassure, la réponse est non. Ce type est tombé dans mon assiette au moment où je venais de percevoir l'héritage de mon père. À l'époque, je me disais qu'il fallait que j'investisse dans n'importe quoi. Savez-vous comment je l'ai trouvé ? Un contrôle de police inopiné. Je sortais de table et j'étais à trois grammes. Je suis passé en jugement, mon procès a été retardé, j'ai fureté dans le tribunal et j'ai ouvert une porte au hasard. C'était une salle d'audience, je me suis assis et j'ai écouté l'affaire qui était en cours…

La gerbe suivante glisse trop doucement pour que ce soit physiquement supportable. Elle gicle en partie par le nez. Ses paupières ont beaucoup de mal à nettoyer l'acide gastrique qui lui ronge les yeux. L'odeur est pestilentielle, mais lui comme moi tenons bien la route. Il se remet, quoique plus lentement que la fois précédente.

– Je suis allé voir Cazamajor à sa sortie du tribunal et je lui ai proposé de reprendre sa boîte. Il a eu l'air très soulagé. Quand je l'ai viré aussi, d'ailleurs. C'était un homme très en dessous de la moyenne. Il se prenait pour un gangster alors que c'était juste un voyou de quarante ans qui avait vieilli dans le rôle.

– *La Bandera negra* ?

– Ah, ça par contre, c'était prémédité. J'étais en plein dans votre dossier, Richard. Et je tournais en rond, croyez-moi. Je ne sais pas si vous vous êtes autant fait chier que moi, mais en ce qui me concerne, à ce moment-là, je n'en menais pas large. J'aurais donné ma main pour avoir un second cerveau. Mon père était abonné à *La Bandera negra*. Après sa mort, j'ai fait suivre notre courrier à Saint-Macaire – monsieur Verque vous salue, au fait, il m'a appelé hier, juste après votre départ. C'est comme ça que j'ai su que *La Bandera negra* était en difficulté. Je suis donc parti pour Bilbao où nous avions vécu de nombreuses années. Mon père y avait une petite étude notariale dont il est resté propriétaire toute sa vie durant en y plaçant un clerc. Je suis intervenu via cet homme pour reprendre en main la liquidation judiciaire du journal. Vous avez sans doute eu Mme Maura au téléphone, elle vous a expliqué la suite… J'ai une vraie passion pour l'écriture. Je n'ai jamais rien fait de ma vie. À la mort de ma mère, nous nous sommes installés en France, mon père et moi. Je faisais tout ce qu'il me disait de faire. Nous vivions chich…

Nouvelle bordée. Pas de plainte. Une souffrance atroce à constater, rien de plus. Mendez reprend :

– Nous vivions chichement alors que le coffre était plein. Je passais donc mon temps enfermé dans ma chambre à écrire des poèmes et des nouvelles. Et parfois des articles de presse sur l'actualité. J'aimais beaucoup ça. J'en suis arrivé à monter mon propre journal. J'en étais le seul lecteur. Il faisait cinquante-deux pages, paraissait tous les mois et les réunions de rédaction étaient virulentes, vous pouvez me croire. Imaginez quand j'ai eu mon journal à moi.

– Mon père ?

– Le mien d'abord, si vous permettez, monsieur Lapelouse.

Il se cambre à nouveau. La ceinture lui scie le bol alimentaire en deux. Un filet de sang s'échappe de sa bouche et vient se dissoudre dans la flaque de vomissures. Mais, vaillant, il poursuit :

– Mon père ne s'appelait pas Ramón Suñer Llanos. Suñer Llanos, c'était un personnage que j'avais inventé et qui revenait fréquemment dans mon petit mensuel. La biographie que je vous ai contée ressemble peu ou prou à celle que j'ai créée pour lui. Suñer Llanos, c'était une sorte d'ennemi public numéro un qui revenait dans mes chroniques judiciaires. J'adorais écrire des chroniques judiciaires. C'était mes préférées. J'y racontais les affaires d'un juge nommé Acosta, qui enquêtait sur les activités criminelles de Suñer Llanos. Acosta, c'était le nom de jeune fille de ma mère.

Il tousse, peine à reprendre sa respiration.

– Mon père a été républicain. Et puis il ne l'a plus été, même si, une fois arrivé en France, il s'est abonné à *La Bandera negra*. Il a rencontré ma mère alors qu'il faisait ses études à Madrid. Elle était issue d'une grande famille de Galice, catholique, militaire. Il est assez vite rentré dans le rang. Il est devenu notaire, elle est tombée enceinte et l'Espagne était le plus beau pays du monde. Il a acheté sa petite étude à Bilbao d'où il était originaire et tout allait pour le mieux. On ouvrait les volets de 10 heures à 17 heures, on faisait des Pater noster dans toutes les pièces…

Ses pieds se mettent à marteler soudainement les lattes du plancher. Son visage vire au bleu, sa bouche s'ouvre en grand et il manque de perdre un œil sous la pression – comme quoi, cuillère à soupe ou à dessert, j'ai peut-être trouvé une autre technique. À force de se secouer le corps, Mendez arrive à vomir encore une fois et met plusieurs minutes à récupérer. Le souffle est court, mais pas la volonté.

– Mon père me faisait la classe dans son étude. Il était très dur avec moi. J'avais droit à des châtiments corporels quand je ne savais pas mes leçons. J'ai appris comme ça. Et puis ma mère est tombée malade. Alors, je me suis occupé d'elle. Et plus je m'occupais d'elle, moins j'étais présent à l'étude pour apprendre avec mon père. Il ne me l'a pas reproché. Pas le moindre commentaire. Jusqu'à ce qu'un jour je me rende compte que, depuis un certain temps déjà, je me trompais régulièrement dans le dosage des médicaments de ma mère. Je crois que je ne l'ai pas fait exprès.

Mendez se relâche d'un coup. Je balance un coup de pied dans l'un des patins du fauteuil. Il réagit et se redresse autant qu'il peut.

– Vous vouliez savoir pour votre père, oui, c'est vrai. En 1968, à la mort de ma mère, mon père a décidé de quitter l'Espagne et nous sommes partis pour la France. Une tante qui habitait en banlieue parisienne nous a accueillis pendant trois mois. Mon père s'est mis à chercher du travail. Il ne pouvait pas vivre sans s'occuper. Il aurait fait n'importe quoi. Il partait des journées entières. J'avais vingt ans. Je passais de nombreuses heures à écrire mes articles dans la chambre que nous partagions. Sans que je m'en rende vraiment compte, mes chroniques judiciaires prenaient de plus en plus de place dans mon journal et, lentement mais sûrement, les enquêtes du juge Acosta échouaient de plus en plus, pour le plus grand profit du terrible Suñer Llanos. Quand je n'écrivais pas, je lisais ou bien j'écoutais les voisins. Les parois de ce petit appartement n'étaient pas très épaisses. On entendait tout comme dans la pièce voisine. Il y avait un couple, au-dessus de chez nous, qui se disputait souvent. Je les avais croisés quelquefois dans l'escalier. Ils étaient si désassortis qu'au début, j'ai cru qu'il s'agissait d'un père et de sa fille. Le bruit de leurs accouplements m'a vite aiguillé. Une après-midi, j'ai entendu la porte claquer chez eux et quelqu'un courir dans les escaliers. Et puis plus rien. Je ne sais pas pourquoi, ça m'a immédiatement inquiété et je suis monté voir. Une chance pour vous, monsieur Lapelouse : la porte avait rebondi contre le chambranle et ne s'était pas fermée.

23, rue d'Alsace, Clichy-la-Garenne, le 15 septembre 1969.

Ma mère a la tête plongée dans la cuvette des toilettes. Ses bras pendent jusqu'au sol. Il y a de l'eau partout. Et Olivier Mendez entre dans la petite salle de bain. En attendant les pompiers qu'il vient d'appeler, il se promène dans l'appartement. Il n'y a pas grand-chose à part quelques photos du couple qu'il voit réuni pour la première fois. Sur un ruban de photomaton, il reconnaît le visage de l'homme qui, sur la plupart des autres clichés, tient ma mère dans ses bras. Il ne sait pas pourquoi, mais il plie le photomaton en deux, déchire l'une des moitiés et la met dans sa poche.

– Je suis allé voir Élise à l'hôpital, deux ou trois fois. Nous avons parlé, un peu. Elle me remerciait à chaque fois parce que son bébé était vivant. Pourtant, je n'avais strictement rien fait pour la sortir de là. Quand j'étais entré dans la salle de bain et que je l'avais vue comme ça, la tête dans les WC, je n'avais pas fait le moindre geste. Je m'étais contenté de regarder. C'est elle qui avait bougé. Elle avait remué un bras, et puis l'autre, et puis elle avait glissé sur le côté, elle avait vomi un peu d'eau et elle s'était évanouie. Moi, j'avais juste appelé les pompiers. Mais j'avoue que son instinct de survie m'a fasciné. J'ai repensé à ma mère qui m'avait laissé la tuer lentement et je me suis dit que j'aurais préféré naître dans votre famille où on semblait plus courageux. Même inconsciemment.

Mendez chuchote de plus en plus. Il a fermé les yeux. Les miens sont plantés dans les moulures du plafond et j'essaye de ne pas métaboliser ses informations.

– Mon père a trouvé un travail à Bordeaux et nous sommes partis nous installer là-bas. Six mois plus tard, j'ai reçu une lettre de votre mère. Elle m'annonçait que vous étiez né et que vous étiez beau. Je ne lui ai pas répondu. Je n'avais pas envie. J'étais ce qu'on appelle aujourd'hui un *garçon désocialisé*, j'avais peu d'affect, les autres ne m'intéressaient pas, je vivais dans ma chambre avec mon journal. Le juge Acosta était rongé par un cancer et Suñer Llanos était plus terrible que jamais. Et puis un jour, un jour où j'avais eu le malheur d'aller faire un tour dehors, nous avons été cambriolés. Nous vivions à Saint-Michel. Mon père prétendait avoir fait une croix sur l'Espagne, mais il nous avait installés en plein dans le quartier espagnol et recevait *La Bandera negra* une fois par mois. Les appartements étaient facilement accessibles, on ne se protégeait pas comme aujourd'hui. Les cambriolages étaient légion et les voisins moins vigilants. Quand je suis rentré, la police était là, chez nous, avec un type qui regardait le sol, les mains dans le dos. L'appartement était partiellement dévasté, tout avait été renversé, de la vaisselle était cassée et j'ai mis longtemps à comprendre que le type qui fixait le sol était notre cambrioleur.

Je contrôle mal ma respiration. J'écoute le récit de Mendez et, de temps à autre, je me rends compte qu'il faut que j'inspire ou que j'expire, mais pas que je reste comme ça, en apnée. Lui n'a plus beaucoup de souffle non plus. Trop de poids sur sa nuque, trop de pression sur sa poitrine.

– Quand je l'ai vu, je l'ai immédiatement reconnu. C'était l'homme du photomaton que je traînais dans ma poche de pantalon depuis notre départ de Clichy : Roger Humbert. La prison de Gradignan venait juste d'ouvrir. Votre père a pris deux ans. Je suis allé le voir tous les jeudis après-midi. Il ne comprenait pas pourquoi j'étais là et j'aurais eu du mal à lui expliquer la fascination que tous ces destins entremêlés aux miens exerçaient sur moi. Oui, de la fascination. Quand vous passez votre temps enfermé entre quatre murs à écrire des histoires imaginaires, la rencontre avec la réalité peut être tout à fait fascinante. Du coup, je me suis mis à correspondre avec votre mère. Je ne lui ai jamais parlé de son ex-compagnon. J'avais juste envie de faire durer ce que j'estimais être l'apogée de mon existence. J'avais trouvé un point d'équilibre précaire entre leurs deux mondes et je m'y promenais. Ça a habité mes jours pendant des années, monsieur Lapelouse. Vos parents m'ont tiré de ma solitude en la meublant de leur vie. Quand votre père est sorti de prison en 1970, il a filé à Marseille. Et il s'est mis à m'écrire. Il me racontait tout ce qu'il faisait et j'ai suivi sa progression dans le petit monde des voyous de la Côte d'Azur. Parfois même il m'envoyait des articles de journaux. De son côté, votre mère me parlait de vous, de votre croissance, puis peu à peu de ses inquiétudes. Vous glissiez doucement sur la pente savonneuse qu'avait déjà largement empruntée votre géniteur. Au fil du temps, cette double correspondance s'est un peu distendue, mais depuis le début des années 70, chaque fin d'année, nous nous envoyions les vœux, ce qui était l'occasion de se donner des nouvelles. Votre père a pris une retraite bien méritée pour un homme qui avait passé une partie de sa vie en prison et l'autre à éviter les balles. Mais à soixante-dix-neuf ans, il avait encore un mandat d'amener au cul. Je lui ai donc conseillé d'aller se planquer en Espagne sous un nom d'emprunt, ce qu'il a fait. Il est parti à Barcelone. La police est remontée jusqu'à lui. Mais Humbert avait de la ressource : il avait réussi à vendre son extradition contre un joli repentir. Du coup, depuis quatre ans, il donnait régulièrement des informations aux flics catalans. Et il était toujours en contact avec ses anciens camarades qui, de temps en temps, faisaient des affaires en Espagne. L'homme que vous avez frappé au marché de la Boqueria était un simple flic qui était payé pour assurer sa protection.

Avant de s'affaisser totalement, Carlos Llanos, Javier Tenaguillo y Cortázar ou Olivier Mendez s'essouffle une dernière fois :

– Et puis vous avez tué mon père…

Tendu par le poids d'un homme, un nœud est pratiquement impossible à défaire. Celui d'une ceinture de peignoir en éponge est encore pire. Je n'essaye donc même pas. De toute façon, il n'y a plus la moindre lame dans cet appartement. Les poignets sont blancs, les mains virent au bleu. Les yeux sont clos. Le souffle s'arrête.

Je referme la porte d'entrée. Dans la rue, je retire mes gants que je roule en boule au fond de la poche de mon pantalon et je reviens au pas de course vers Gran Vía.

Une fois dans la voiture, je démarre, j'allume le GPS et je rentre mon adresse : 335 km, 3 h 30. Je ne sais pas, la tension qui s'évacue sans doute, en débrayant je cale. Je me mets à réfléchir, bien malgré moi d'ailleurs.

J'ai réussi à m'en empêcher tout au long de la traversée du centre-ville, seulement voilà, la voiture cale, ça me distrait, et mes écoutilles s'ouvrent d'un coup.

Mendez ne m'a pas expliqué comment il m'avait trouvé, ni par quel lien. Et il ne m'a pas expliqué non plus ce que foutait le photomaton de mon père chez Suñer Llanos. Oui, vous avez noté aussi, je sépare consciencieusement les deux. Parce que je n'ai pas envie de croire l'histoire de ce type. C'est aussi simple que ça. On ne tue pas son père impunément, j'aurai au moins retenu ça. Par expérience, je sais qu'un bon petit déni ne m'a jamais vraiment causé de tort.

De la bonne ouvrage.

Je remets le contact, le GPS Camille repart et me redemande ma destination. Je tape le B. Et je continue : A R C E L O N E. Résultat : 606 km, 5 h 48.

☑ La harponner.
☑ La ramener sur le pont.
☑ La massacrer.
☑ L'atomiser.
☑ La pulvériser.

49

☑ SE REDRESSER

J'accède finalement à une certaine félicité. Certes il ne fait plus très beau, une brise fraîche venue de la mer balaye les environs et me pousse à investir dans quelques couches supplémentaires de vêtements. Mais le calme presque absolu de ce petit bout de planète me laisse un goût de restes-y au fond de la bouche que je garde avec délice.

Amor me sert quotidiennement ma ration de tapas et fait de bons progrès dans son service encore émaillé de petites erreurs – du moins en ce qui me concerne. Elle continue aussi à me sourire et moi à la regarder faire. J'entrecoupe ces longues pauses en terrasse par quelques balades sur le port, le quartier moderniste, Montjuic et ce qu'il me reste encore à découvrir de l'énorme Barcelone. Guidé par un Salamero acerbe, j'entre enfin dans ses considérations du natif meurtri par les choix d'une mairie ambitieuse et bétonnière, et d'une province qui n'a de cesse que de vouloir faire sécession pour laisser le reste de l'Espagne se démerder avec ses problèmes.

Oui, la capitale de la Catalogne s'enfonce dans une restructuration monstrueuse, prend le pari de la grande Europe et désire contre elle-même s'élancer vers le ciel, avec son front de mer spéculatif à la mode bulle immobilière floridienne, percé de tours dont un faramineux godemiché de cent quarante-cinq mètres de haut : la Torre Agbar de notre Jean Nouvel national, qui pourrait être considérée comme un joli doigt d'honneur adressé aux héritiers du bénitier franquiste. Mais ce serait vite oublier qu'elle est surtout un formidable *fist-fucking* aux nostalgiques de la cité populaire qui savaient jusque-là manier la chèvre et le chou, le tourisme et l'identité. Plus audacieux encore : la position outrageuse du fameux hôtel Vela sous les masses de béton duquel repose l'ancien café d'Abran. Construit à seulement vingt mètres des vagues, l'édifice depuis son ouverture fait se mouvoir des foules d'activistes inquiets qui viennent à coups de bombes de peinture dérisoires réclamer son impensable destruction.

Un matin, Abran se pointe en brandissant *El País* :

– Dis donc, ça chie chez toi !

Un bel exercice de diction dans la bouche d'un Espagnol. Abran ouvre devant moi la deuxième page du quotidien. Du titre, je ne comprends que le mot *Burdeos*. En grand, une photo montre le visage d'une femme à laquelle je donne approximativement quarante ans, brune, les cheveux coupés court, un œil poché, une lèvre fendue, un visage coupé à la faux, l'air abattu d'une coureuse de superfond après vingt-quatre heures d'endurance sans pause pipi. Elle me fait penser à Florence Rey sur le cliché anthropométrique du 4 octobre 1994. La même rage éteinte dans le regard.

– Qu'est-ce que c'est ?

– Une caissière. Agnès Laffont, elle s'appelle. Après dix-neuf ans passés dans un hypermarché du centre-ville, elle a débarqué hier matin dans le magasin avec un fusil à pompe. Elle a flingué deux de ses collègues et un vigile devant les clients médusés. Ensuite, elle est montée à l'administration, elle a flingué trois cadres et puis elle est allée faire la peau au directeur. Quand les flics ont réussi à l'appréhender, elle était en train de menacer le type des ressources humaines pour qu'il lui file l'adresse du siège social et l'organigramme de toute la société. Elle a raconté aux policiers que ça faisait quatre ans que sa direction la harcelait pour qu'elle foute le camp, et qu'elle avait elle-même participé au harcèlement de quelques-unes de ses collègues par le passé, sur ordre de ses supérieurs. C'est dingue, non ?

C'est tellement dingue que c'est à se demander comment de telles choses ne sont pas arrivées plus tôt. Lors de ma remontée parisienne, l'une des rares fois où je suis sorti de chez ma mère pour aller me refaire un moral en traînant dans la capitale, j'ai vu dans le métro une publicité : on y voyait la photo d'une silhouette de dos agrippant un fouet enroulé sur lui-même ; en dessous, cette question : « Besoin d'une bonne formation en management ? » Il n'y a pas si longtemps, dans tout le pays, on comptait au moins un suicide par jour dû à l'enfer du travail. L'irruption d'une pasionaria armée dans ce paysage ne me surprend pas le moins du monde. Celle-là avait certainement envie de vivre, même encagée. Sinon, elle n'aurait blessé personne et se serait sagement collé son canon sous le menton.

J'en suis là de mes pensées quand mon téléphone portable sonne au fond de ma poche. Je m'excuse auprès d'Abran et je décroche.

Camille est en larmes :

– Vous êtes au courant de ce qui s'est passé ?

– Quoi ? Votre lecteur CD a implosé ?

– Mais non, Richard… La fusillade à Auchan !

J'espère juste que Camille n'a pas perdu quelqu'un de cher dans cette histoire.

– Je viens d'apprendre ça.

– Vous êtes où, Richard ?

– À Barcelone. Enfin, Camille, qu'est-ce qui vous arrive ?

Pendant de longues secondes, je l'entends se vider dans l'écouteur, des pleurs, des mouchages de pleurs et puis des pleurs encore.

– Camille… ?

– Cette femme…

– Vous voulez pas vous calmer ? Quelle femme ?

– Agnès Laffont. Elle est passée au bureau. Trois jours d'affilée, la semaine dernière. Elle voulait absolument vous rencontrer… Elle avait l'air… Et moi, j'arrêtais pas de lui dire que pour l'instant vous étiez en déplacement, Richard… Et ce matin, toute la presse parle de cette histoire… Elle a tué sept personnes…

La fin de sa phrase est hachée par les sanglots. Je ne trouve rien à lui dire qui pourrait la soulager un petit peu. J'appellerais bien Braun pour qu'il passe la voir, mais Camille semble se ressaisir lentement.

– Pourquoi elle voulait tellement vous voir ?

Évidemment, j'attendais cette question. Et comme je ne trouve rien à lui répondre, je m'attends aussi à la question suivante :

– Monsieur Lapelouse, vous êtes qui, au juste ?

☑ Consulter Braun ?

Ou bien :

☑ Passer à autre chose ?

Générique

Objectrice de conscience, garde-fou, pousse-au-crime et chef de chantier	Stéfanie Delestré
Conseiller technique médico-psychiatrique	Dr Michaël Brun
Conseiller technique en rédaction de contrats douteux mais légalement envisageables	Me Jean-Paul Yildiz
Conseiller technique en papier journal, impression et rédaction de périodiques	Philippe Huet
Conseiller technique en architecture barcelonaise et filmographie de Bruce Willis et Steven Seagal	Stéphane Raza
Traducteur français-espagnol d'injures	Miguel Béjo

DU MÊME AUTEUR

MES AMIS MORTELS (coll. « Les Mat-Sperone »), Toucan Noir, 2008.

ÉCHANTILLONS GRATUITS (nouvelles), Les Petits Matins, 2008.

MORTS À DENISE (coll. « Le Poulpe »), Éditions Baleine, 2010.

TAXI, TAKE OFF & LANDING, Éditions Baleine, 2010.

QUELQUE CHOSE POUR LE WEEK-END, Éditions Baleine, 2011.

AVA OU L'AIGREUR, Storylab, 2011.

ROAD TRIPES, Albin Michel, 2013.

L'HOMME À LA VOITURE BLEUE, Syros, 2014.

LE TRI SÉLECTIF DES ORDURES (ET AUTRES CONS), Pocket, 2014.

Composition Nord Compo
Impression CPI Bussière en janvier 2015
Éditions Albin Michel
22, rue Huyghens, 75014 Paris
www.albin-michel.fr
ISBN : 978-2-226-31464-2
N° d'édition : 21480/01 – N° d'impression : 2013686
Dépôt légal : février 2015
Imprimé en France